气象灾害丛书

高温热浪与人体健康

谈建国　陆　晨　陈正洪　主编

气象出版社
China Meteorological Press

内容简介

高温热浪灾害是众多气象灾害之一。随着社会和经济的发展,高温热浪灾害日显突出。本书共分 6 章,分别介绍了高温热浪概述、中国高温热浪的气候特点、高温热浪的成因、高温热浪对人体的危害、高温热浪的预测预报与预警以及高温热浪的防御。

书中文字浅显易懂,适合于社会大众、医务工作者及气象工作者阅读。

图书在版编目(CIP)数据

高温热浪与人体健康/谈建国,陆晨,陈正洪主编.
北京:气象出版社,2009.3
(气象灾害丛书)
ISBN 978-7-5029-4698-2

Ⅰ.高… Ⅱ.①谈… ②陆… ③陈… Ⅲ.高温—气象灾害—影响—健康 Ⅳ.P423

中国版本图书馆 CIP 数据核字(2009)第 024866 号

Gaowen Relang yu Renti Jiankang
高温热浪与人体健康
谈建国 陆 晨 陈正洪 主编

出版发行:	气象出版社		
地　　址:	北京市海淀区中关村南大街 46 号	邮政编码:	100081
总 编 室:	010-68407112	发 行 部:	010-68409198
网　　址:	http://www.cmp.cma.gov.cn	E-mail:	qxcbs@cma.gov.cn
总 策 划:	陈云峰　成秀虎		
责任编辑:	吴晓鹏	终　　审:	纪乃晋
封面设计:	燕彤	责任技编:	吴庭芳
印　　刷:	北京京科印刷有限公司		
开　　本:	710 mm×1000 mm　1/16	印　　张:	8
字　　数:	139 千字		
版　　次:	2009 年 5 月第 1 版	印　　次:	2014 年 9 月第 2 次印刷
印　　数:	6001～9000	定　　价:	20.00 元

本书如存在文字不清、漏印以及缺页、倒页、脱页等,请与本社发行部联系调换

丛书编辑委员会成员（按姓氏笔画排列）

主　　任：秦大河
副 主 任：许小峰　丁一汇
成　　员：马克平　马宗晋　王昂生　王绍武　卢乃锰　卢耀如
　　　　　刘燕辉　陈联寿　宋连春　林而达　张人禾　李文华
　　　　　陈志恺　黄荣辉　董文杰　端义宏

编写组长：丁一汇
副 组 长：宋连春　矫梅燕

评审专家组成员（按姓氏笔画排列）

丁一汇　马宗晋　毛节泰　王昂生　王春乙　王绍武　王根绪
王锦贵　王馥棠　卢乃锰　任阵海　任国玉　伍光和　刘燕辉
吴　兑　宋连春　张小曳　张庆红　张纪淮　张建云　张　强
李吉顺　李维京　杜榕桓　杨修群　言穆弘　陆均天　陈志恺
林而达　周广胜　周自江　徐文耀　陶诗言　梁建茵　黄荣辉
琚建华　廉　毅　端义宏

丛书编委会办公室成员

主　　任：董文杰
副 主 任：翟盘茂　陈云峰
成　　员：周朝东　张淑月　成秀虎　顾万龙　张　锦
　　　　　王遵娅　宋亚芳

《高温热浪与人体健康》分册编写人员

主　编　谈建国　陆　晨　陈正洪

成　员　卢　明　张礼平　何玲玲　张明英
　　　　殷鹤宝　余永江　徐志龙

序

据世界气象组织统计，全球气象灾害占自然灾害的86%。我国幅员辽阔，东部位于东亚季风区，西部地处内陆，地形地貌多样，加之青藏高原大地形作用，影响我国的天气和气候系统复杂，我国成为世界上受气象灾害影响最为严重的国家之一。我国气象灾害具有灾害种类多，影响范围广，发生频率高，持续时间长，且时空分布不均匀等特点，平均每年造成的经济损失占全部自然灾害损失的70%以上。随着全球气候变暖，一些极端天气气候事件发生的频率越来越高，强度越来越大，对经济社会发展和人民福祉安康的威胁也日益加剧。近十几年来，我国每年受台风、暴雨、冰雹、寒潮、大风、暴风雪、沙尘暴、雷暴、浓雾、干旱、洪涝、高温等气象灾害和森林草原火灾、山体滑坡、泥石流、山洪、病虫害等气象次生和衍生灾害影响的人口达4亿人次，造成的经济损失平均达2000多亿元。2008年，我国南方出现的历史罕见低温雨雪冰冻灾害，以及"5·12"汶川大地震发生后气象衍生灾害给地震灾区造成的严重人员伤亡和财产损失，都说明进一步加强气象防灾减灾工作的极端重要性和紧迫性。

党中央国务院和地方各级党委政府对气象防灾减灾工作高度重视。"强化防灾减灾"和"加强应对气候变化能力建设"首次写入党的十七大报告。胡锦涛总书记在2008年"两院"院士大会上强调，"我们必须把自然灾害预报、防灾减灾工作作为事关经济社会发展全局的一项重大工作进一步抓紧抓好"。在中央政治局第六次集体学习时，胡锦涛总书记再次强调，"要提高应对极端气象灾害综合监测预警能力、抵御能力和减灾能力"。国务院已经分别就加强气象灾害防御、应对气候变化工作做出重大部署。在2003年全国重大气象服务总结表彰大会上，回良玉副总理指出，"强化防灾减灾工作，是党的十七大的战略部署。气象防灾减灾，关系千家万户安康，关系社会和谐稳定，关系经济发展全局。气象工作从来没有像今天这样受到各级党政领导的高度重视，从来没有像今天这样受到社会各界的高度关切，从来没有像今天这样受到广大人民群众的高度关心，从来没有像今天这样受到国际社会的高度关注。这既给气象工作带来很大的机遇，也带来很大的挑战；既面临很大压力，也赋予很大动力，应该说为提高气象工作水平创造了良好条件"。

我们一定要十分珍惜当前气象事业发展的好环境，紧紧抓住气象事业发展的难得机遇，深入贯彻落实科学发展观，牢固树立"公共气象、安全气象、资源气象"的发展理念，始终把防御和减轻气象灾害、切实提高灾害性天气预报预测准确率作为提升气象服务水平的首要任务。面对国家和经济社会发展对加强气象防灾减灾工作的迫切需求，推进防灾减灾工作快速发展，做到"预防为主，防治结合"，很有必要编写一套《气象灾害丛书》，从不同视角吸收科学、社会以及管理各方面的研究成果，就气象灾害的发生、发展、监测、预报和预防措施，普及防灾减灾知识，提高防灾减灾的效益，为我国防灾减灾事业、构建社会主义和谐社会做出贡献。

2003年中国气象局组织编写出版了《全球变化热门话题丛书》，主要立足宣传和普及天气、气候与气候变化所带来的各方面影响以及适应、减缓和应对的措施。这套书的出版引起了很大反响，拥有广大的读者群。《气象灾害丛书》是继《全球变化热门话题丛书》之后，中国气象局组织了有关部委、中科院和高校的气象业务科研人员及相关行业领域的灾害研究专家，编写的又一套全面阐述当今国内外气象灾害监测、预警与防御方面最新技术成果、最新发展动态的科学普及读物。《气象灾害丛书》分21分册，在内容上开放地吸收了不同部门、不同地区和不同行业在气象灾害和防御方面的研究成果，体现了丛书的系统性、多学科交叉性和新颖性。这对于进一步提高社会公众对气象灾害的科学认识，进一步强化减灾防灾意识，指导各级部门和人民群众提高防灾减灾能力、有效地为各行业从业人员和防灾减灾决策者提供参考和建议都具有重要意义。同时，根据我国和全球安全减灾应急体系建设这一大学科的要求，"安全减灾应急体系"共有100多部应写作的书籍，《气象灾害丛书》的出版为逐步完善这一科学体系做出了贡献。

在本套丛书即将出版之际，谨向来自气象、农业、生态、水文、地质、城乡建设、交通、空间物理等多方面的作者、专家以及工作人员表示诚挚的感谢！感谢他们参与科学普及工作的高度热忱以及辛勤工作。

郑国光

编著者的话

通过两年的努力，《气象灾害丛书》终于编写完毕。丛书由 21 册组成，每一册主要介绍一个重要的灾种，整个丛书基本上将绝大部分气象以及相关的衍生灾害都作了介绍，因而是一套关于气象灾害的系统性丛书。参加此丛书编写的专家有 200 位左右，他们来自中国气象局、中国科学院、林业部和有关高等院校等部门。他们在所编写的领域中不但具有丰硕的研究成果，而且也具有丰富的实践经验，因而，丛书无论是从内容的选材，还是从描述和写作方式等方面都能保证其准确性和适用性。编写组在编写过程中先后召开了六次编写工作会议，各分册主编和撰稿人以高度负责的态度和使命感热烈研讨，认真听取意见和修改，使各册编写水平不断提高，从而保证了丛书的质量。另外，值得提及的是，丛书交稿之前，又请了 46 位国内著名的院士、专家和学者进行了评审。专家们一致认为，《气象灾害丛书》是一套十分有用、有益和十分必要的防灾减灾丛书。它的出版有助于政府、社会各部门和人民群众对气象灾害有一个全面、深入的了解与认识，必将大大提高全民的防灾减灾意识。丛书的内容丰富、全面、系统、新颖，基本上反映了国内外气象灾害的监测、预警和防御方面的最新研究成果和发展动态，可以作为各有关部门指导防灾减灾工作的科学依据。

在丛书包括的 21 个灾种中，除干旱、暴雨洪涝、台风、寒潮、低温冷害、冰雪等过去常见的气象灾害外，丛书还包括了近一二十年新出现的或日益受到重视的新灾种，如霾、生态气象灾害、城市气象灾害、交通气象灾害、大气成分灾害、山地灾害、空间气象灾害等。这些灾害对于我国迅速发展的国民经济已越来越显示出它的重大影响。把这些灾害包括在丛书中不但是必要的，而且也是迫切的。另外，通过编写这些书，对这些灾种作系统性总结，对今后的研究进展也有推动作用。

为了让读者对每一种灾害都获得系统而正确的科学知识以及了解目前最

新的防灾减灾技术、能力和水平，编写组要求每一册书都要做到：（1）对灾害的观测事实要做全面、正确和实事求是的介绍，主要依据近50年的观测结果。在此基础上概括出该灾种的主要特征和演变过程；（2）对灾害的成因，要根据大多数研究成果做科学的说明和解释，在表达上要深入浅出，文字浅显易懂，避免太过专业化的用语和用词；（3）对于灾害影响的评估要客观，尽可能有代表性与定量化；（4）灾害的监测和预警部分在内容上要反映目前的水平和能力，以及新的成就。同时要加强实用性，使防灾减灾部门和人员读后真正有所受益和启发；（5）对每一灾种，都编写出近50年（有些近百年）国内重大灾害事件的年表，简略描述出所选重大灾害事件发生的时间、地点、影响程度和可能原因。这个重大灾害年表对实际工作会有重要参考价值。

在丛书编写过程中，所有编写者亲历了1月发生在我国南方罕见的低温雨雪冰冻灾害和"5·12"汶川大地震。在全国可歌可泣的抗灾救灾精神的感召下，全体编写人员激发了更高的热情，从防大灾、防巨灾的观念重新审视了原来的编写内容，充分认识到防灾减灾任务的重要性、迫切性和复杂性。并谨以此丛书作为对我国防灾减灾事业的微薄贡献。

丛书编写办公室与编写组专家密切配合，从多方面保证了编写组工作的顺利完成，在此也表示衷心感谢。另外，由于这是一套科普丛书，受篇幅所限，各册文中所引文献未全部列入主要参考文献表中，敬请相关作者谅解。

编写组长　丁一汇
2008年10月21日于北京

前　言

气候变化是 21 世纪人类所面临的最主要的环境问题之一。2007 年 IPCC 第四次评估报告称全球变暖已经成为不争的事实，自有全球地表温度仪器记录以来（1850 年以来）的 12 个最暖的年份中，就包括了过去 12 年（1995—2006 年）中的 11 个年份。最新更新的过去 100 年（1906—2005 年）的变暖趋势为 0.74℃（0.56～0.92℃），这比 IPCC 第三次评估报告（TAR）的趋势 0.6℃（0.4～0.8℃）要高。过去 50 年变暖趋势是每十年升高 0.13℃（0.10～0.16℃），几乎是过去一百年来的两倍。2001—2005 年与 1850—1899 年相比，总的温度升高了 0.76℃（0.57～0.95℃）。全球变暖也会带来一系列的人体健康影响问题，其中最直接影响是高温热浪，全球变暖导致热浪出现的频数和热浪强度增加。另一方面，全球城市化进程也在加快。目前世界上 65 亿人口中有 32 亿（近 50%）居住在城市，这个数字到 2030 年估计会增加到 50 亿，占当时全球人口总数的 61%。我国城市的数量和规模也在不断增加，预计到 2010 年，中国百万人口以上的城市将达到 125 个左右，其中 200 万以上的特大城市将达到 50 个左右。随着经济发展和城市化进程的加快，世界上很多大城市都不同程度地受到了城市热岛的影响。城市人口密集，城市生产和生活需要大量的能源消耗，人为热源对高温的出现起着推波助澜的作用。

高温热浪灾害是众多气象灾害之一。随着社会和经济的发展，高温热浪灾害日显突出，特别是给人民生活和健康造成的危害很大，甚至危及生命。例如 2003 年夏天欧洲的高温热浪天气，导致 2.2 万余人因热丧命。又如 2006 年我国川、渝的高温热浪天气，仅在 8 月 13—14 日两天里就有近 2 万人中暑。

气候变暖、城市热岛效应加之城市人口老龄化，高温热浪及其健康问题得到越来越多的关注。为此，世界各国广泛开展了高温热浪与人体健康方面的研究，同时为如何防范高温热浪给人们带来的危害，一些国家或地区还制定和实施了降低因热浪导致死亡的一项对策是建立热浪健康预警系统（Heat Health Warning System，简称 HHWS）。2003 年欧洲热浪事件以后，建立热浪预警系统在国际上引起了前所未有的高度关注。热浪健康监测预警系统能够提醒或警告决策者和广大公众采取措施避免对健康具有危险性的暑热天气，从而降低热浪对人类健康的影响。

随着人民生活水平的不断提高，人们越来越关心和关注天气对健康的影响。在夏季高温热浪天气下，如何应对和防范高温热浪对人体健康的影响，就显得格外重要。为此，我们编写了《高温热浪与人体健康》。本书共分六章，第 1 章：高温热浪概述，由陆晨、徐志龙撰稿，其中 1.2 节由陆晨、谈建国撰稿；第 2 章：中国高温热浪的气候特点，由陆晨、徐志龙撰稿；第 3 章：高温热浪的成因，由陈正洪、何玲玲撰稿，其中 3.2 节由陆晨、张明英撰稿；3.3 节由谈建国撰稿；第 4 章：高温热浪对人体健康的危害，由卢明、陈正洪、何玲玲撰稿；第 5 章：高温热浪的预测、预报与预警，由谈建国撰稿，其中 5.1 节由张礼平撰稿，5.2 节由陆晨、张明英撰稿；第 6 章：高温热浪的防御，由谈建国撰稿，本书最后由谈建国、陆晨完成统稿。本书撰写过程中余永江参与了文献资料的收集、殷鹤宝先生参与书稿的修改工作。本书稿得到黄荣辉院士、琚建华教授、宋连春研究员、刘燕辉社长的审阅并提出了许多合理的修改意见和建议。

高温热浪对人体健康影响是多方面综合的、跨学科交叉的研究领域。由于编著者知识面有限，本书涉及其他一些学科的知识，难免有误，诚望读者指正。

编著者

2008 年 6 月

目 录

序
编著者的话
前　言

第 1 章　高温热浪概述 …………………………………………………… 1
　1.1　高温热浪的定义、标准、类型和传播 ………………………………… 2
　1.2　高温热浪的影响 ………………………………………………………… 4
　1.3　高温热浪灾害典型案例 ………………………………………………… 14

第 2 章　中国高温热浪的气候特点 …………………………………… 21
　2.1　高温热浪的地理分布特征 ……………………………………………… 22
　2.2　不同地区高温及影响特点 ……………………………………………… 24
　2.3　高温热浪的时间变化特征 ……………………………………………… 29

第 3 章　高温热浪的成因 ………………………………………………… 39
　3.1　全球变暖与高温热浪 …………………………………………………… 39
　3.2　天气系统与高温热浪 …………………………………………………… 47
　3.3　城市化与高温热浪 ……………………………………………………… 49

第 4 章　高温热浪对人体健康的危害 ………………………………… 54
　4.1　高温环境与人体热生理 ………………………………………………… 54
　4.2　高温热浪引起的疾病 …………………………………………………… 62
　4.3　高温与中暑 ……………………………………………………………… 64

4.4　高温与心脑血管疾病 ……………………………………… 68
　　4.5　高温与死亡 …………………………………………………… 72

第5章　高温热浪的预测、预报与预警 ……………………… 79
　　5.1　高温季节预测 ……………………………………………… 79
　　5.2　高温天气预报 ……………………………………………… 82
　　5.3　高温热浪与健康预警 …………………………………… 85

第6章　高温热浪的防御 ………………………………………… 100
　　6.1　高温热浪的个人防御 …………………………………… 100
　　6.2　高温热浪应急体系 ……………………………………… 104
　　6.3　高温立法工作 ……………………………………………… 109
　　6.4　减缓城市热岛　缓解高温热浪 ……………………… 111

参考文献 …………………………………………………………………… 115

第1章 高温热浪概述

地球上存在温度带,即热带、温带和寒带。温度带的形成,主要是由于各带纬度不同,对太阳辐射吸收的热量不同而形成的。赤道附近的热带,全年太阳都以接近垂直的角度入射,地面获得的辐射热最多。所以,如果仅从所处纬度看,赤道应是全球最热的地方了,但事实并非如此。由于赤道附近气压相对较低,出现云层的机会较多,几乎每天都要下雨,除了云层反射阳光外,水分蒸发吸收的潜热和空气对流使近地层的空气温度下降,因而赤道地区的气温并不是最高的。从赤道附近的气温记录可以知道,那里的最高气温很少超过35℃,例如位于我国南海的西沙群岛就从未出现过35℃以上的高温,而地处40°N的北京历史上却出现过42.6℃的极端高温记录。

从世界范围的气象资料可以发现,超过50℃的高温记录差不多都是出现在纬度20°~35°热带与温带之间的副热带,特别是受副热带高压控制的陆地区域。由于副热带高压控制区盛行下沉气流,干燥少雨多晴天。虽然阳光入射角度没有赤道地区高,但很少有云层反射,因而实际到达地面的太阳辐射量却是最多的(见图1.1)。副热带陆地大都处于干旱或半干旱带,地面上没有多少水分,热容量比较小,因水分蒸发吸收的潜热也较少。因此,太阳一晒气温就会迅速上升,尤其是一些低海拔的谷地和盆地,容易积聚热量不易散发,成为世界上最热的地方。

迄今有正式气象记录的极端最高气温出现在非洲撒哈拉大沙漠的北部,曾达57.8℃。此外,还有人在索马里测到过63℃的气温,但不是正式记录。如果按某一时段的平均最高气温计算,美国加利福尼亚州的死谷在1917年6月6日到8月17日长达73天的时段中平均最高气温高达48.9℃,可称世界之最。如果以多年平均气温及各月的分布来衡量,则冠军为埃塞俄比亚马萨瓦,年平均气温为30.2℃,其中最凉的1月份平均气温为26℃,7月份的平均气温为35℃,雨量极少,几乎天天都是炎炎夏日。马萨瓦虽然地处红海之滨，但来自红海的东北风居然灼热无比。这是因为红海南北狭长，对岸是阿拉伯半岛的广阔沙漠，冷空气到不了这个地区。马萨瓦海滨的海拔只有10米，背靠高原，来自东北的热风在此堆积不易散失，而且由于南部高原下沉气流的增温作用，容易形成焚风效应，于是形成了终年的高温酷热天气。

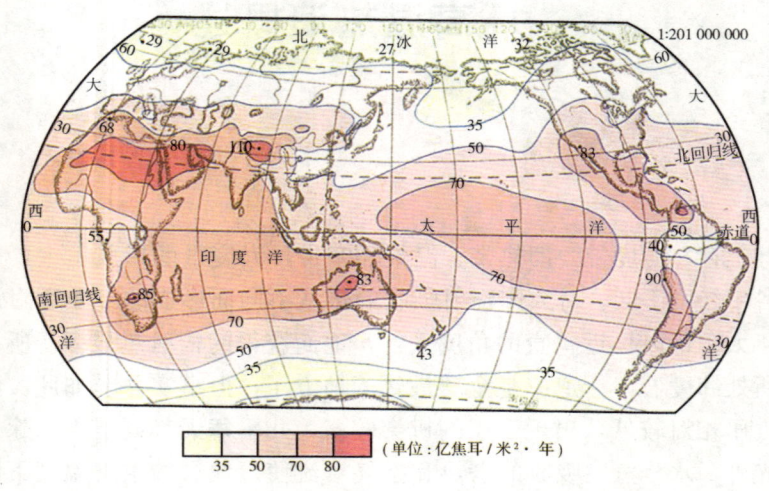

图 1.1　世界年太阳辐射总量

近年来，随着全球气候变暖和城市化进程的加快，引起更加显著的热岛效应，使得全球范围内的酷热日益频繁，高温热浪事件越来越突出，正逐渐成为一种严重气象灾害。这种灾害不仅影响工农业生产，还直接危害到广大人民的身体健康，同时造成供水、供电紧张，并加剧光化学污染，严重威胁到人类的生存和生活质量。

1.1　高温热浪的定义、标准、类型和传播

1.1.1　高温热浪定义

高温顾名思义是指温度高，在此是指一种天气现象。而高温热浪通常是指一段持续性的高温过程，由于高温持续时间较长，引起人、动物以及植物不能适应并且产生不利影响的一种气象灾害。

高温热浪使人体不能适应环境，超过人体的耐受极限，从而导致疾病的发生或加重，甚至死亡，动物也是一样；同时高温热浪也可以影响植物生长发育，使农作物减产。高温热浪过程还会加剧干旱的发生发展；还使用水量、用电量急剧上升，从而给人们生活、生产带来很大影响。另外，高温热浪往

往使人心情烦躁，甚至会出现神志错乱的现象，容易造成公共秩序混乱、事故伤亡以及中毒、火灾等事件的增加，这些是高温热浪的间接影响。

1.1.2 高温热浪标准

高温热浪的标准主要依据高温对人体产生影响或危害的程度而制定。

高温热浪灾害受地理、社会和经济等多方面的影响。世界各国和地区研究高温热浪所采取的方法不同，高温热浪的标准也有很大差异。目前国际上还没有一个统一而明确的高温热浪标准。

1.1.2.1 我国高温热浪的标准

我国一般把日最高气温达到或超过35℃时称为高温，连续数天（3天以上）的高温天气过程称之为高温热浪（或称之为高温酷暑）。由于近年来高温热浪天气的频繁出现，高温带来的灾害日益严重。为此，我国气象部门针对高温天气的防御，特别制定了高温预警信号。

高温对其他生物影响的标准可依据达到危害时的温度量值制定。

1.1.2.2 国外高温热浪的标准

世界气象组织（WMO，World Meteorological Organization）建议高温热浪的标准为：日最高气温高于32℃，且持续3天以上。

荷兰皇家气象研究所则定为：日最高气温高于25℃，且持续5天以上，其中至少有3天最高气温高于30℃。

美国、加拿大、以色列等国家气象部门依据综合考虑了温度和相对湿度影响的热指数（也称显温）发布高温警报。例如美国发布高温预警的标准是：当白天热指数连续两天有3小时超过40.5℃或者预计热指数在任一时间超过46.5℃，发布高温警报。

德国科学家基于人体热量平衡模型，制定了人体体感温度指标。例如当人体生理等效温度（PET）超过41℃，热死亡率显著上升。因此以人体生理等效温度（PET）大于41℃为高温热浪预警标准。

1.1.3 高温热浪类型

由于人体对冷热的感觉不仅取决于气温，还与空气湿度、风速、太阳热辐射等有关。因此，不同气象条件下的高温天气，也有其相应的特征。通常有干热型和闷热型两种类型。

1.1.3.1 干热型高温

气温极高、太阳辐射强而且空气湿度小的高温天气，被称为干热型高温。在夏季，我国北方地区如新疆、甘肃、宁夏、内蒙古、北京、天津、石家庄等地经常出现。

1.1.3.2 闷热型高温

由于夏季水汽丰富,空气湿度大,在气温并不太高(相对而言)时,人们的感觉是闷热,就像在蒸笼中,此类天气被称之为闷热型高温。由于出现这种天气时人感觉像在桑拿浴室里蒸桑拿一样,所以又称"桑拿天"。在我国沿海及长江中下游,以及华南等地经常出现。

1.1.4 高温热浪传播

之所以把高温天气过程称之为高温热浪,是因为高温天气过程就像海浪一样,通常是一浪接一浪加以影响。高温热浪过程有时间上的持续性和空间上的展缩性(指高温范围的扩大和缩小)。例如,2006年夏天发生在四川、重庆的高温热浪。从时间演变来看,7月12—22日、7月27日—8月19日为二次持续的高温热浪天气,最高气温呈现出波浪形式,后者的强度和持续时间均强于前者(见图1.2)。

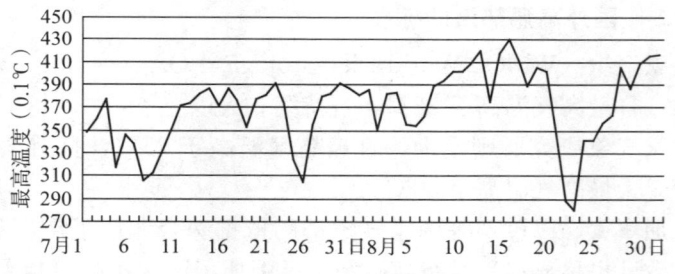

图1.2 重庆2006年7、8月逐日最高温度随时间分布图

从空间来看,重庆及华中、华南和华东大部分地区在8月11日存在重庆地区和广东、广西、福建等一线的两个高温区(≥35℃),随着时间的推移,高温区不断扩大,两个区域合并,形成西南东部、华中、华东和华南连片的大范围的高温区。这说明此次强高温热浪天气过程主要是由中心向外扩散方式的传播(见图1.3)。

1.2 高温热浪的影响

1.2.1 高温热浪与人体舒适度

是否舒适是人的一种感觉,是人通过自己的感觉器官所获得的身体或精神上的愉悦感。广义上的舒适,涉及气象、医学、生物、人文地理、心理学等诸方面。如果狭义地理解，舒适也可认为是一种环境的适宜。在诸多影响舒适感的环境因素中，以气温、湿度、风和辐射等气象因子的影响最为直接、也最为显著。在高温热浪环境下，人体的舒适感觉会降低。

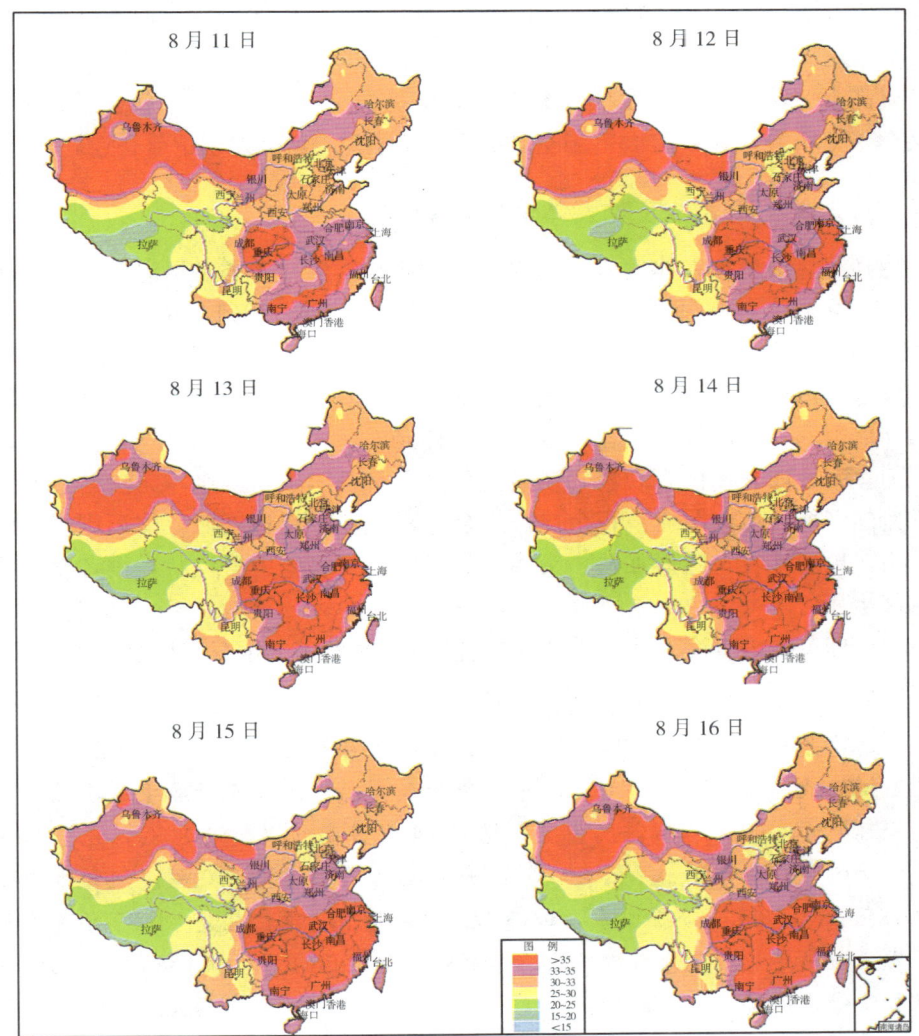

图 1.3 2006 年 8 月高温区的演变图（最高气温取前 10 日平均最高气温）

在日常生活中，冷与热都会造成身体的不舒适。人的正常体温大约维持在 37℃ 左右，这并非意味着当环境温度保持在 37℃ 时，人体最为舒适。因为人体新陈代谢产生的热量必须向外散发，当环境温度过高，这些热量就不能顺利散发出来，人就会感到难受；而当气温太低时，这种热量散发又太快，人便觉得寒冷。根据各国的实验，人体感到舒适的气温是：夏季 19~24℃，冬季12~22℃。

人体在不同的热环境中体感舒适程度和耐受性是不一样的。有人做过这样的实验：在相当干燥的空气中，健康人能在50℃的高温中停留2个小时，在70℃的高温中停留15分钟，在100℃的高温中停留1分钟，而不受任何损害。这是人对高温的最大耐受力。不过，人体的热感还与空气湿度有关，当气温高于28℃，绝对湿度（以水汽压表示）大于30 hPa时，人就会感到又闷又热。据实验，如果在45℃湿空气中停留1小时，就会发生中暑昏迷。

1.2.2 高温热浪对人体健康的影响

高温热浪危害人体健康，影响人类的正常生活。人类是恒温动物（维持在37℃左右），为了保持体温的恒定，人体通过传导、辐射、对流、蒸发等过程与周围环境不断地进行热量交换，当环境温度大于或等于皮肤温度32℃时，人体通过传导、对流及辐射散热发生困难，只能通过出汗蒸发来散热。大量出汗可引起人体内失水失盐，若不及时补充，会导致电解质平衡紊乱，出现肌肉痉挛、四肢抽搐等现象。在高温环境中，机体散热困难，无法通过散热维持热平衡，体内即会蓄积余热。当余热蓄积到一定程度时，体温则会逐渐升高，出现呼吸与脉搏加快、头昏眼花、恶心耳鸣等中暑症状，重者发生昏倒甚至死亡。

全球范围内有许多因高温热浪造成人体健康危害的记载和报道，例如：

美　　国：在美国历史上最严重的热浪发生在1901年夏季，共死亡9508人。其次是1936年，死亡4678人。1966年7月美国出现3次热浪，拉瓜尔地亚机场最高气温达41.7℃，从中部平原到大西洋沿岸死于热中风疾病的占到全部死亡人数的20%，其中圣路易有24天最高气温超过32℃，死于热中风疾病的占到全部死亡率的56%，市区死亡率比郊区大5.5倍。纽约市中心区的死亡人数达150~200人，远高于正常天气下的死亡人数。1980年美国热浪发生之早持续之久为历史罕见，由于热浪而死亡的至少有1265人，比常年增加7倍，仅密苏里州就死亡311人。1983年的热浪中美国死亡220人，仅空调多用电就达13亿美元。

欧　　洲：1982年欧洲的高温热浪造成很多人死亡。6月份希腊出现热浪，雅典气温高达45℃，有44人死于热浪引起的心脏病发作；意大利南部出现44~45℃的高温，死亡40人；西班牙7月5—11日出现50年来的最高记录，达43℃，成千上万头牲畜死亡。

澳大利亚：澳大利亚的阿德莱德1982年1月17—24日连续8天最高气温超过38℃，24日连最低气温都在33.5℃，塔应拉23日的最高气温达48.5℃，据统计有10名老人死于热浪。

南　　亚：1970年5月印度有500多人死于热浪。1972年5月下半月到6月印度的比哈尔邦和北方邦持续高温，死亡750人。1973年4—6月巴基斯坦的旁遮普邦最热达50℃，其他地区也达46～49℃，许多人死于酷热，印度中部和东部热死约100人。1985年印度比哈尔邦在6月2—8日的酷热中死亡139人。1991年5月底到6月上旬巴基斯坦南部和印度西北部最高气温达52～53℃，300多人丧生。

中　　国：1988年夏天我国长江流域多处最高气温超过40℃，中暑人数很多，且造成数十人死亡；1997年中国北方的热浪，各大城市普遍创持续高温的历史新纪录，北京全市用水和供电双创历史最高纪录，已接近供应能力的极限。全市有数十名交通警察在岗位上中暑晕倒。天津市7月13日和14日死亡60岁以上老人50余名，大多是在上下班途中因烈日暴晒而中暑致死。

近年来，高温一年高过一年，热浪一浪强过一浪，地球简直热"疯"了。印度继1998年2500余人因热浪而丧生后，2002年5月又遭受近4年来最凶猛的热浪袭击，造成约1200余人死亡。这些数据仅仅是直接由热浪致死的，热浪间接导致的死亡人数更多，还有许多人，特别是老年人，由于高温热浪患病或者心脏受损而致病死亡。2003年夏天，热浪先后席卷了印度、中国东半部及西欧各国，英国气温创130年来最高纪录，西班牙、葡萄牙热浪引发森林大火。欧洲酷暑导致2.2万人丧命，其中法国最多，法国政府公布的死亡人数为14082人，意大利政府公布的数字为4175人，葡萄牙1300人，荷兰1000—1400人，比利时150人，西班牙141人，德国40人。

热浪对人体健康的影响不仅表现在热浪致死，而且更多的人因为炎热而发病。例如，2004年，我国南部省份由于受台风"蒲公英"和副热带高压的影响，从6月底开始，广东大地被酷热天气所笼罩，7月1日，广州最高气温高达至39.7℃，超过了38.7℃的最高纪录。6月28日，广东东莞大岭山镇台生家具八厂的一名工人，因工作疲劳加之车间气温太高而晕倒，送到医院后半小时死亡。据广州"120"急救中心负责人介绍，进入夏季以来，仅广州市因高温诱发其他疾病而死亡的人数就达39人，每天比平时日均派出急救车次数（约200次）增加66%，创急救中心成立十多年以来日出车最高纪录。以北京为例，因高温发病到医院就诊的患者，7月比6月增加了40%。上海和甘肃等地，高温病人的增加导致临床用血量居高不下，出现了用血紧缺的局面。露天工作者，如交警、公共汽车司机、建筑工人，更是受到了热浪的严重威胁。

1.2.3　高温热浪降低工作效率，导致事故率上升

环境温度对人们的工作、学习效率也有影响的。根据美国伊利诺依大学调查显示，当气温在20℃时工作效率最高，当气温升至35℃时工作效率只有最高时的75%，当气温高达41℃时，就只有最高效率的50%。

我们知道，人是恒温动物，当环境温度改变，人体可通过自身的调节功能去适应温度的变化。随着环境温度的不断升高，人体散热逐渐困难，体温得不到正常调节，体力下降，生理系统发生变化，心理状态开始恶化，变为烦闷，心慌意乱，坐立不安。这种状态下人容易疲劳，反应迟钝，注意力不集中，操作能力下降，往往导致事故发生。同时，高温环境通过使血液循环系统将血液很快送到皮肤表面，加快向外散热，导致到达大脑皮层的氧气缺乏，肌肉得到血液量少于正常值，代谢性产物堆积，易引起心智上的机敏度和判断力降低，于是生理上的工作容量受到限制，工作效率也因此大幅度较低。

高温酷热还直接影响人们的心理和情绪，容易使人疲劳、烦躁和发怒，各类事故相对增多，甚至犯罪率也有上升。如纽约1966年7月的热浪期间，凶杀事件是平时的138.5%。北京2003年7月高温期间交通事故增多，据北京急救中心资料显示：交通事故增加与天气炎热有很大关系。气温高、气压低时，人的大脑组织和心肌对此最为敏感，容易出现头晕、急躁、易激动等，以致发生一些心理问题。

1.2.4　高温热浪造成城市用水、用电紧张

随着生活条件的改善，为了避免中暑人们普遍使用空调、除湿器、电风扇等电器降温，引起高温季节耗电量剧增。同时，夏季人们在饮用、生活方面用水大增，城市中的各类生产生活用水量也显著增大，给城市供水部门带来巨大压力。

在发达国家，热浪袭来时居民和工作场所的空调全部开动，工厂的冷却系统高速运转，使耗电和耗水急剧增加。在美国，气温超过20℃时就开动空调，在热浪到来时用电量剧增，会影响到工业能源供应紧张。例如1984年夏季日本出现酷暑，7月份发电量比上年同期增加11.5%，8月增加7.1%，仍感电力不足，东京不得不在8月份对用水实行限量。印度1978年6—7月间历时一个多月的酷热，期间最高气温达40～43℃，夜间气温也在32℃以上，市政和供电部门的工人罢工，结果因停电无法进行冷冻和开动空调，仅新德里一地就有200多人中暑脱水，工业生产陷于瘫痪。炎热天气不但用水剧增，

还往往加剧干旱，江、河、湖、水库的水位下降，甚至干涸，导致水源紧缺。又如，中国南方城市也常常在盛夏酷暑时，因避让用电高峰而不得不调整上下班时间，由此产生的工时损失难以估量。1997年7月13日北京出现38℃以上的高温，7月14日全市供电量创历史最高峰，接近供电能力的极限，同期城市用水也达到了供水能力的极限。在图1.4中就可以看出，用电峰值几乎与最高气温有同样的趋势。

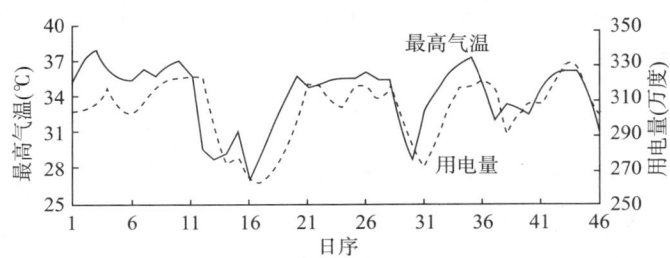

图1.4　1997年北京夏季最高温度与用电量的关系

2003年7月29日上海报道，上海遭受高温热浪侵袭。全市发电机组超负荷运转，10多家主要发电厂已连续15天超过正常发电量，几乎接近极限发电量，达到950万～960万千瓦。上海市的电力"外援"华东电网对上海市的电力支持也创下了历史新高，达到400万千瓦，超过了供应极限。这种情况下，一旦发生电力故障，就可能导致上海市大范围停电，给城市经济发展带来严重损失。连续高温也使城市用水量直线上升，上海市用水量达到高峰，为每日608.39万立方米。高峰供水局面更是紧张异常。同期南京市的酷暑持续近一个月，29—30日由于气温突然飙升，用水量突然剧增，造成设备负荷跃升引发故障，发生了波及半个城市数百万居民的特大停水事故，致使半个南京城的高层住户停水。

1.2.5　高温热浪增加城市和森林火险

高温的出现，常伴随着干旱，造成城市供水困难，同时很容易产生火灾。例如1988年7月上海由于持续高温，在半个月内（7月1—15日）共发生24起火灾，98起火警，这是上海历年盛夏所少有的。

1980年5月加拿大萨斯喀彻温省南部气温比常年高出6℃，由于持续的高温天气，加重了干旱灾害，使得森林大火频频发生，共有9000起，大火烧毁了森林4.8万平方千米，用于救火的费用高达1.5亿美元。

2003年，受异常干燥炎热天气和强风的影响，葡萄牙森林总面积的6%遭遇火灾，35万多公顷林地被毁，还造成严重水土流失，影响了水利和农业发展。大火造成15人死亡，初步估计经济损失高达10亿欧元。

2006年初澳大利亚遭受到前所未有的热浪袭击，平均40多摄氏度的高温在境内引发多处山林大火。在火情最重的新南威尔士州，20多米高的火焰迅速吞噬了多所民宅，造成数人受重伤并迫使近百名当地居民弃家避难。

2007年，希腊经历其有史以来最严重的森林火灾，近一半的国土面积受到影响。大火造成60多人死亡，数百房屋和一处面积约等于美国罗德岛的森林被毁。大火甚至一度威胁古代奥运会的诞生地——古奥林匹亚遗址。这场大火的主要原因虽然是人为纵火，但长时间干旱和高温也是使火势迅速蔓延的重要因素。

1.2.6　高温热浪对农业的影响

持续高温少雨，极易造成干旱。例如，2006年重庆遭遇百年一遇特大伏旱，四川出现1951年以来最严重伏旱。其中6月—8月中旬，重庆降水量为244.9毫米、四川为315.3毫米，均为1951年以来历史同期最低值。特别是7月中旬以后，重庆、川东等地遭受罕见持续高温热浪袭击，伏旱迅速发展，造成农作物受灾，人和大牲畜发生临时饮水困难，经济损失惨重。

高温对农作物本身也有很大的影响。例如，在高温下作物的呼吸消耗急剧增加，使净光合积累迅速下降，持续高温下作物会很快衰弱。许多作物在光合作用中存在一种"午睡"现象，如小麦在中午前后的较高气温下部分用于气体交换的气孔关闭，作物的光合作用和蒸腾都减弱，就像人们要午睡一样，要到下午气温下降后光合作用才重新活跃起来。中午的气温越高，"午睡"时间就越长，光合作用的减弱也越明显，持续高温下"午睡"过多有可能导致小麦减产。过高的气温还可能使作物的蛋白质凝固变性，或积累有毒物质而直接受伤。作物的花器官对高温最为敏感，水稻盛花期如遇高温，花粉粒发育畸形率显著增加，花粉管尖端破裂而失去授精能力。

高温对林木的伤害突出表现在强烈的太阳辐射引起的枝干灼伤，灼伤常在干旱时并发，由于水分不足蒸腾减少，使果实或枝叶的向阳面皮层温度急剧增温，在果实表面出现淡紫色或淡褐色斑块，严重时还发生裂果，枝条表面则出现裂斑。高温干旱还极易引发森林或草原火灾，极干旱的林草失水很多，遇到明火极易燃烧，而且由于干旱水源十分缺乏，导致扑灭大火困难重重。

1.2.7　高温热浪对交通安全的影响

夏季也是容易发生交通事故的季节，主要是因为高温造成路况不好和司机易困倦，精神状态不佳所致。当气温超过30℃时沥青路面在烈日曝晒下易软化发黏，影响行车速度，刹车易打滑，在低熔点沥青路面上行驶更加危险。因此南方的许多公路路面要铺设较多的沙石和水泥，沥青比例不能太大，而且应选择高标号沥青，保证有较好的热稳定性。沙漠地区路面温度常达70℃以上，橡胶轮胎易软化以致无法行驶，应改用特制的耐热轮胎。

炎热对航空也有影响，首先表现在因空气密度变小而使升力减小，大多数喷气式飞机当气温升高10℃时，起飞滑跑距离就得增加13%。有时还不得不减少载客或载货量，否则就不能起飞。高温时由于进气量减少，耗油增加。气温超过30℃，燃料与空气混合时，往往氧气不足，成为富油混合气体，不能充分燃烧。

1.2.8 高温热浪影响体育运动成绩

体育运动时身体要大量产热消耗体力，如温度过高，不利于运动员的体热散发，会感到不适，难以创造出好成绩，严重时还会发生事故造成伤亡。据统计在过去几十年中，足球运动员平均每年都有数人在训练或比赛中因高温中暑丧生。特别是长期生活在高寒地区的运动员，参加在炎热地区举行的比赛时往往因不适应比赛场地的气象条件，而成绩大失水准。

1939年第二届世界杯足球赛在意大利举行，西班牙队和意大利队在四分之一决赛中相遇，球迷们挤满了看台。但偏偏这一天烈日当空炎热无比，双方踢了120分钟仍是平局，运动员已疲惫不堪，连看台上的观众也有不少人中暑晕倒，裁判只好宣布翌日再进行加时赛。次日仍是大热天，竟有数名运动员迈不开腿，意大利队换了5名队员，西班牙队一名队员瘫痪倒地后都找不到替补队员了。1986年第十三届世界杯足球赛在墨西哥举行，由于天气炎热各队在预赛中都想保存体力，只求少失球进入复赛，多采用防守反击式打法。摩洛哥队虽比对手西德队要弱得多，但比较适应炎热气候，在比赛中努力消耗西德队的体力，使之技术优势难以发挥，直到终场前几分钟西德队才得到机会以一球险胜弱旅。比利时队则因不适应炎热天气而败在了当时水平并不比它高的墨西哥队脚下。

炎热对比赛成绩影响最大的莫过于马拉松长跑。因为运动员要跑2~3个小时，体力消耗极大。天气炎热，运动员的体热不能及时散发，可导致体温升高，血液循环机能衰弱，直至死亡。美国运动医学会曾规定：湿球温度（指用湿纱布裹着的温度表显示的温度，湿球温度高，干球温度则更高；另一方面，湿球温度高，反映湿度较大，所以湿球温度是一项温湿的综合指标）28℃为允许进行长跑比赛的绝对最高温度。但这只是危险温度的上限，即使是低于这一温度的较高温度也是不利于运动员的健康和创造好成绩的。

据记载，在公元前490年，希腊军队在马拉松平原与入侵的波斯军队展开激战。长跑运动员菲迪皮季斯奉命跑回雅典，把希腊军队大获全胜的喜讯报告给雅典人民。菲迪皮季斯跑到雅典时气力已经耗尽，只喊了一声"我们胜利了！"，就倒地死去。后来，美国得克萨斯大学天文学家用古代斯巴达人的日历计算了这次长跑的日期，他们认为菲迪皮季斯从马拉松跑到雅典的日期是8月12日，正是炎炎夏日，可能当时希腊地区的气温高达39℃，菲迪皮季斯很可能是因为中暑，才在长跑后失去了生命。为了纪念这位英雄，从1896年首届奥运会起设立了马拉松长跑项目，但从那时以来，在马拉松比赛中，由于高温天气造成运动员伤亡的事故时有发生。1908年7月在伦敦的比赛中有半数运动员未能跑完全程；1912年7月在斯德哥尔摩奥运会期间，葡萄牙运动员卡梅德·拉萨罗在赛后的第二天就死在医院里；1904年的奥运会上马拉松比赛被安排在盛夏的中午，最高气温达32℃，又没有茶水供应，结果大半数运动员不得不中途退出。

根据历次比赛的统计，马拉松长跑以气温12～14℃为宜。1983年的第三届北京国际马拉松比赛也遇到了30℃以上高温，185名选手中有130多人中途退场，不少人被抬上了救护车，前十名的成绩平均比报名成绩要偏低9分50秒之多。以后，北京国际马拉松比赛组委会总结了教训，将比赛日期从9月下旬改为10月中旬，并选择了较长的林荫道路，使以后几届比赛的成绩有了显著提高。

1.2.9 高温热浪与生态环境

高温对生态环境也会产生影响。2007年夏我国的太湖因持续的高温天气暴发了大面积蓝藻，导致太湖水源地污染，江苏省无锡市居民饮水出现危机。蓝藻是一种原始而古老的藻类原核生物，在富营养化超标的湖泊中，常于夏季大量繁殖，腐败死亡后在水面形成一层蓝绿色而有腥臭味的浮沫，称为"水华"。太湖广阔湖区周边的凹槽水湾，水体流动性差且富营养化，为蓝藻多发地带。蓝藻污染直接影响水源地水体，加剧水质恶化。高温天气非常适宜藻类生长，而夏季强烈的光照又加速了蓝藻的光合作用，使其进入繁殖旺季。一般来说，在高温天气出现以后的十几天内蓝藻就会暴发。持续的高温天气是水域蓝藻暴发的罪魁祸首。

另外，异常高温的频繁出现可能会导致某些喜寒或不耐高温的物种消失。

1.2.10　高温热浪对军事的影响

高温热浪对军事活动有很大影响，由于酷暑导致失败的战例不在少数。在18世纪中期，英国远征军近两万人占领了西印度群岛，那里的气候是酷暑难耐，又热又潮湿，加上居住地和饮水不洁，许多士兵患黄热病，5年间死亡17173人，占总数的87%，英军没有败于战场，却败于热带病里。1799年6月法军在远征叙利亚归来时穿越沙漠，当时气温高达33℃，砂石表面更达45℃，沙漠里没有水源，也无处遮阴，许多士兵忍耐不了就去喝咸水，很快倒毙，直到9天后才到达尼罗河边喝上了淡水。法军在作战中仅死亡500人，在穿越沙漠时因热病大量减员，仅在医院就死亡了700人，还有5名残废兵实在走不动了，困死在沙漠中。

又如，第二次世界大战期间的1943年日军在占领了整个东南亚之后，开始围攻英国最大的殖民地印度，期望与希特勒会师中东，卡断西方的石油供应。但日军的2万多人在进攻印度东部，经过原始森林时几乎全军覆没，原因是时值盛夏，高温闷热天气使日军官兵因中暑和疟疾大量减员，不战而溃。

在炎热地区作战，顽强的意志和善于保护自己非常重要。中国古代的杰出军事家曹操在统一北方的战争中曾遇到高温天气，士兵干渴如焚，这时曹操用马鞭指着前方说那里有一片梅林，士兵们一听就赶紧奔去，虽然是一场空欢喜，但"望梅止渴"毕竟使全军士气为之一振，离目的地更近了。在热带行军作战时，部队经常遇到高温、虫咬和外伤三类问题。高温闷热天气往往使士兵食欲不振，睡眠不足，影响战斗力。部队在烈日下行军作战，大量出汗而得不到及时清洗，很容易长痱子和癣，或者生疖疮和皮炎，南方的盛夏又是蔬菜淡季，易发生维生素缺乏症。热带丛林多蛇、蚂蟥、蚂蚁、毒蜂、蚊子、蠓等，叮咬伤人，轻则损伤皮肤，干扰睡眠，重则感染溃烂或中毒。疟疾、黄热病和肠道传染病也是高温季节常见病。

1.2.11　高温热浪与商业

高温天气的影响往往带来灾害。但是，商人在高温天气里可以找到商机，如夏令商品的畅销，只要抓住时机就可以创利生财。夏令商品包括汗衫、裙子、凉鞋等夏装，瓜果、啤酒、冷饮等多汁解暑食品，风扇、空调器等降温电器和香皂、蚊香、香水、痱子粉等卫生用品。热浪袭来时这些商品的销售量会突然剧增。如上海炎热的1971年、1978年、1981年等年份，冷饮日销量都在20万打以上，而相对凉爽的1977年和1980年则不足14万打。1981年北京的电风扇销售量比上年增加 6 倍。1997 年 7 月中旬的酷暑使京津各大商场的空调突然由滞销变为脱销。据统计,日本夏季温度每升高 1℃啤酒销售额增加 1 亿日元,牛奶销量增加 10%～15%;1984 年 7 月的酷暑使游泳衣销售增加 20%,旅游业收入比上年增加 10.4%,尤其是北海道和海滨。

1.3 高温热浪灾害典型案例

高温热浪是世界范围内频繁发生的极端天气事件,时常引发高温热浪灾害。20 世纪 90 年代以来,我国夏季高温酷热天气也频繁出现。1999 年夏季,华北及其周边地区出现两段持续晴热高温天气,≥35℃的高温日数一般有 10～25 天;7 月 24 日北京最高气温达 42.2℃,是 1949 年以来首都的最高气温。2000 年夏季,华北、华南等地不少地区连遭热浪袭击,河北承德、北京、广东连县≥35℃高温日数分别达 28 天、26 天和 44 天。以凉夏著称的承德市 7 月最高气温超过 40℃,其中 14 日达 43.3℃,为当地有气象记录以来的最高值。2003 年夏季上海经历了 40 天高温,为近 50 年来高温日数之最。2006 年我国川渝长达 2 个月的高温热浪灾害(高温加大旱),更是给人民生活和经济发展带来极大损失。

1.3.1 1980 年高温热浪灾害

从 1980 年 4 月下旬开始,美国北达科他州和艾奥瓦州的气温急剧上升至 37℃,北部大湖区开始出现高温热浪;到 5 月底北达科他州的威利斯顿最高气温达 41.1℃;得克萨斯州西南部的气温从 6 月中旬开始攀升至 37.8℃,这一高温区不断向东向北扩展,到 7 月的第二周,高温热浪中心发展到俄克拉何马州及密苏里州,接着美国 1/3 的地区经历了 37.8℃的高温,7 月中旬以后,高温热浪区向东扩展到俄亥俄河流域和中大西洋地区。据统计,美国 6 个州的日极端最高气温突破了历史纪录,其中东南三城奥古斯塔、亚特兰大和孟菲斯的历史纪录分别为 41.7℃、40.6℃和 42.2℃,得克萨斯州威奇托弗尔斯最高气温达 47.2℃。这场高温热浪灾害给美国社会和经济带来极大损失。据有关报道,高温热浪造成至少 1265 人死亡,比以往高出 7 倍多,仅密苏里州就死亡 311 人。热浪期间谷物、大豆和春小麦受到严重损失,牧草枯焦,牲畜生长缓慢,数百万只家禽死亡,大量家禽被迫廉价出售。估计由于热浪和干旱增加的耗费高达 210 亿美元;美国全国总用电量(6 月末—8 月初)比常年多 5.5%。

1.3.2　1988年高温热浪灾害

1988年美国中西部出现54年来最严重的热浪，造成与1934年和1936年相当程度的干旱，密西西比河和俄亥俄河的水位降到50年来的最低点，大豆比上年减产21%，玉米减产34%。

这一年前苏联、中国和加拿大也因高温加剧干旱而粮食减产。长江流域的高温伏旱为历史少有。7月上旬苏北、皖北气温比常年偏高5℃，中旬高温区扩展到华中和四川，7月18—19日长江流域多处最高气温超过40℃，浙江常山更达42℃。武汉1436人中暑，是历史上最多的一年。南京、上海、南昌等地共5000～6000人中暑，死亡40多人。早稻因高温逼熟，秕粒增加而减产，蔬菜供应也一度紧张。8月上旬韩国全境最高气温都达35℃以上，数以百万计的人群涌往海滨，溺水身亡者就有40多人。这一年印度中北部也大范围出现45℃以上的酷热。热浪还席卷了南欧和东南欧各国，连保加利亚都出现了打破100年来41.7℃的高温纪录。

1.3.3　2003年夏季全球的高温热浪灾害

2003年夏，在南亚地区5—6月间印度许多地区的极端最高气温超过了45℃，个别城镇的最高气温一度接近50℃，最低气温也在30℃左右，日平均气温比常年同期偏高3～6℃。高温加剧了干旱的程度，在印度20条主要河流中，有8条河流完全干枯，严重影响了周边地区两亿多农民的生活用水和农田灌溉，农业生产损失惨重。在这种持续的高温热浪天气下，印度约有1700人死亡；在孟加拉国的部分地区，最高气温也达到了41℃。巴基斯坦有些地区在6月上旬最高温度一度接近53℃，首都伊斯兰堡的最高温度也连续数天保持在43℃左右。

在欧洲的大部分地区先后经历了几十年乃至上百年来罕见的高温和干旱天气，瑞士、英国、法国、意大利、德国、西班牙等均出现了破历史纪录的高温天气。6月，瑞士的月平均气温创下近250年来的最高纪录；克罗地亚气温高达35℃，比常年同期偏高近10℃；意大利罗马6月14日出现的36.5℃的高温天气，创下了自1782年当地有气象记录以来的历史同期最高水平。进入8月以后，西班牙许多城市的气温一度超过45℃，创20世纪初有气温记录以来的最高值；8月4日，法国全境出现罕见高温，波尔多达到40.2℃，阿卡松盆地最高气温达到了41.6℃；8月7日，比利时最高气温40℃，创该国自1833年有气温监测以来的新高；8月9日，德国西南部城市卡尔斯鲁厄实测最高气温达到40.4℃，为该国1730年有气象记录以来的全境最高气温纪录,法兰克福地区接连8天最高气温在35℃以上,则是1857年有温度记录以来持续最长的炎热天气;8月10日,英国伦敦东南的肯特郡格雷夫森德气温高达38.1℃,创英国自1875年有气温记录以来的最高温度;意大利米兰市最高气温达38.5℃,超过了1902年的上一个最高纪录。高达38~45℃的高温热浪天气,造成欧洲近2.1万人死亡,仅法国就有近1.5万人因酷热而死。高温的同时伴随着严重的干旱,特别是南欧的许多国家夏季降水稀少,森林火灾频发。其中,巴尔干地区经历了前所未有的干旱,塞尔维亚遭遇了百年未遇的大旱,克罗地亚遭遇50年来的最大旱情,德国受旱的耕地面积达350万公顷,部分地区农作物减产80%,农民的直接损失超过10亿欧元。多瑙河出现了50年来的最低水位,并使奥德河航运被迫中断,塞尔维亚的发电量减少60%。意大利波河的平均水位创下100多年来最低水位纪录,北部地区的农业损失高达50亿欧元。葡萄牙发生了23年来最严重的火灾,烧毁2115万公顷森林,损失近11亿欧元,造成1204人伤亡。西班牙和法国南部的数万公顷森林也被烧毁,农业损失近10亿欧元。

我国南方地区也遭受了大范围热浪袭击,特别是江南、华南出现持续高温天气,历时1个多月,局地近2个月,其高温范围之广、持续时间之长、温度之高为历史同期罕见。自6月下旬开始,江南南部、华南北部首先出现持续高温天气,7月下旬高温范围扩展至黄淮、华北南部一带。其中黄淮南部、长江中下游地区、华南北部及四川东部、重庆等地夏季极端最高气温达到38~40℃;浙江中部和西南部、福建北部、江西中部等地达40~43℃,浙江丽水高达43.2℃,福州7月15日最高气温达41.1℃,创1953年以来最高历史纪录。浙江、福建、江西大部以及江苏、安徽、广东、广西等地的局部地区夏季极端最高气温超过了历史同期最高记录。长江中下游及其以南大部,夏季高温日数普遍有10~30天,江南中东部、华南北部有30~50天,局地超过50天,其中上海高温日数达40天,逼近历史极值1953年的42天。上述大部地区高温日数普遍比常年同期偏多5~15天,浙江、江西、福建及广东北部偏多达15~25天以上。持续高温加速了南方旱情的发展,影响农作物的生长发育,同时也使人们的正常生产、生活受到较大影响,中暑和患"空调病"的人数骤增,因暑热而死亡的人数明显上升。

1.3.4 2006年夏天的高温灾害

2006年夏,高温热浪再次袭击世界各地,美国和欧洲部分地区以及我国的重庆、川东、鄂西、陕南等地遭受罕见的持续高温热浪袭击。

2006年7月,美国中西部、东北部和南部地区先后遭遇热浪,部分地区最高温度创1895年以来之最，其中加州最为严重，最高温度高达51.6℃。热浪造成加州各地至少141人死亡，东部各州约20人死亡。7月，欧洲各国也持续遭受高温热浪侵袭，造成至少80人死亡。法国、英国、西班牙、德国、意大利北部以及欧洲东南部出现持续酷热天气，其中西班牙出现了41.5℃的高温，电力消耗创造历史新纪录。

在我国的西北东部和华北及其以南地区、新疆、内蒙古西部等地出现35℃以上的高温天气，其中华北南部、黄淮中西部及四川东部、重庆、湖北西部、湖南西北部、贵州北部、浙江大部、陕西南部、新疆等地极端最高气温达38～47℃（图1.5）。江南大部、华南中北部及四川东部和重庆、湖北大部、陕西南部、南疆大部等地高温日数普遍有20～40天，四川、重庆、浙江、新疆等省区局部地区达40～57天；与常年同期相比，上述大部地区高温日数偏多5～15天，其中四川东部、重庆、湖北西部、陕西南部、浙江中部等地偏多15～20天，四川、重庆的部分地区偏多达20～30天（图1.6）。

6月中旬，我国中东部地区出现大范围持续高温，山西、陕西、甘肃、四川、重庆的一些地区最高气温突破历史同期极值。河南等地6月中旬的高温日数超过当地常年6月份全月的高温平均日数。

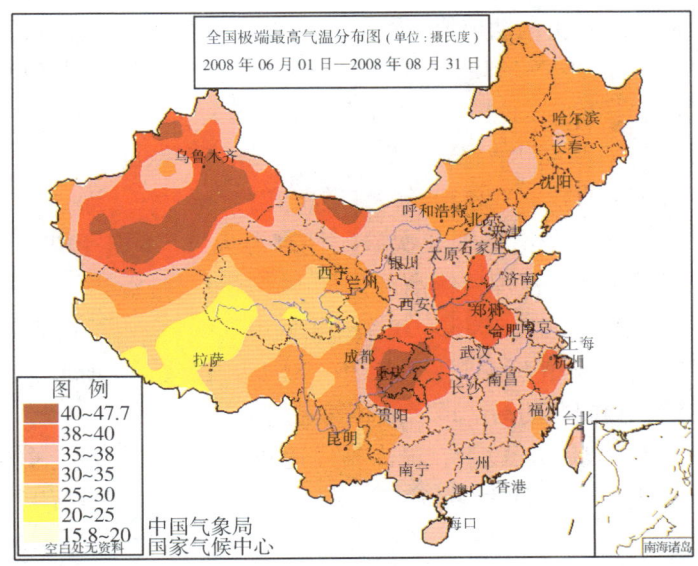

图1.5 2006年夏季（6月1日—8月31日）全国极端最高气温分布图（℃）

高温热浪与人体健康

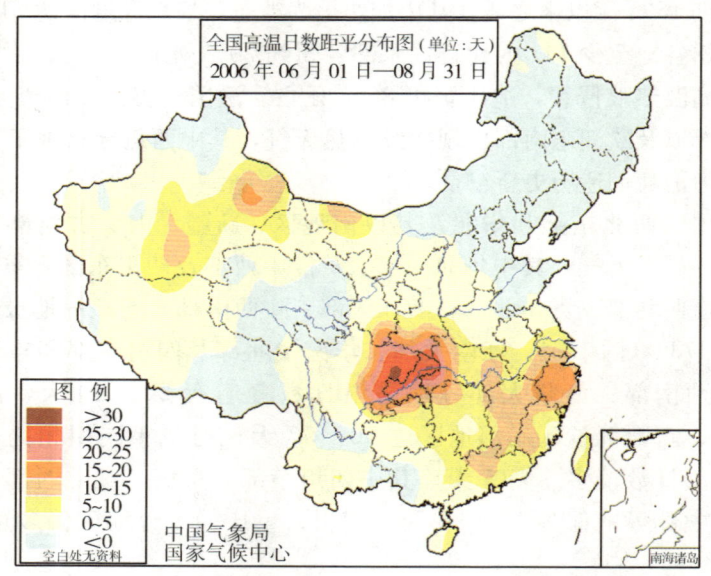

图1.6　2006年夏季（6月1日—8月31日）全国高温日数距平分布图（d）

7月中旬至8月下旬，重庆、川东、鄂西、陕南等地遭受罕见的持续高温热浪袭击。重庆、四川部分地区高温日数持续之长、强度之强，均创下了当地有气象记录以来历史同期极值。7月11日至8月31日，重庆市≥35℃的高温日数35天，略少于1959年（35.3天），为1951年以来历史次大值，而≥38℃的高温日数达21天，为历史最高值。8月15日，重庆28个区县最高气温超过40℃，綦江达44.5℃、万盛44.3℃、江津44.3℃；重庆有22个区县最高气温创下当地有气象记录以来最高值。

7—8月，江南、华南出现6次阶段性高温天气。8月上旬后期至中旬，江南、华南等地出现大范围持续高温天气，极端最高气温达35～38℃，局地超过39℃，其中广西北海40.8℃、浙江丽水40.1℃、江西广昌39.9℃、安徽屯溪39.8℃、湖南桑植39.8℃。8月26—31日，江南、华南再次出现大范围高温天气，浙江和湖北的局部地区最高气温超过38℃。

另外，7月31日，新疆奇台最高气温达到41.6℃，突破历史极值。8月1日，吐鲁番日最高气温达47.7℃，库尔勒为40.0℃，两站均与历史极值持平。

由于持续高温少雨，重庆遭遇百年一遇特大伏旱、四川出现1951年以来最严重伏旱。其中6月至8月中旬，重庆降水量为244.9毫米、四川为315.3毫米，均为1951年以来历史同期最低值。特别是7月中旬以后，重庆、川东等地遭受罕见的持续高温热浪袭击，伏旱迅速发展。四川、重庆旱灾共造成农作物受灾面积 338.3 万公顷,其中绝收 72.12 万公顷;有 1892.3 万人、1662.2 万头大牲畜发生临时饮水困难;因灾直接经济损失 192.6 亿元。在 8 月 14 日、15 日高温天气里,重庆有近 2 万人中暑。

此外,在盛夏(7—8 月)期间,内蒙古东部、辽宁中西部、甘肃中部和东部、陕西南部、湖北西部、湖南西北部、贵州中北部、青海南部、西藏东部及新疆北部等地气温较常年同期偏高。持续高温少雨,导致上述部分地区发生不同程度的干旱。据 8 月下旬统计,内蒙古农作物受灾 116.9 万公顷,有 67 万人、839 万头大牲畜发生饮水困难,直接经济损失 24.1 亿元。辽宁农作物受灾 92.4 万公顷,有 66 万人、20 万头大牲畜发生饮水困难,直接经济损失 24 亿元。湖北农作物受灾 40.4 万公顷,有 73.8 万人、43.3 万头大牲畜发生饮水困难,因灾直接经济损失 20 亿元。贵州农作物受灾 43.4 万公顷,有 309.89 万人发生饮水困难,因灾直接经济损失 14.6 亿元。陕西农作物受灾 115 万公顷,有 120 多万人和 30 多万头大牲畜发生临时饮水困难,直接经济损失达 23.7 亿元。甘肃农作物受灾 148.8 万公顷,有 264.5 万人、135.9 万头大牲畜发生饮水困难,因灾直接经济损失 20.3 亿元。

1.3.5　2007 年全球的高温灾害

在全球变暖的大背景下,2007 年是全球最热的年份之一。英格兰中部 2007 年 4 月 1 日至 25 日的平均气温为 11.1℃,比往年平均气温高出 3.4℃,创下了 1659 年有记载以来的最高纪录。德国气象局说,德国 2007 年 4 月的平均气温高达 12℃,创下了 1901 年有记载以来的最高纪录。

2007 年 5 月欧洲多国气候反常,例如 5 月 27—28 日,英国东南部普降大暴雨,降雨量达 520 毫米。相反在莫斯科却出现高温天气,5 月 28 日气温高达 32.7℃,创下了该市 5 月最热的纪录。

进入 6 月,亚洲、欧洲连日来热浪滚滚。6 月初,高温袭击巴基斯坦和印度,巴基斯坦南部出现 51.6℃的最高气温,创下了 1929 年以来的最高值;印度北部也出现 48.9℃的最高气温。高温热浪造成巴基斯坦 110 人和印度 117 人死亡。6 月下旬,欧洲东南部受到严重的高温热浪袭击,最高气温普遍超过 40℃,意大利最高气温高达 45℃,塞浦路斯首都尼科西亚出现了创纪录的 42℃。造成 28 人死亡,其中,6 月 26 日罗马尼亚南部气温高达 40℃,死亡人数 25 人。

欧洲南部和中部一些国家亦遭遇了高温热浪袭击。2007 年 7 月 21 日,罗马尼亚、奥地利和保加利亚因持续高温造成的死亡人数已达 18 人。罗马尼亚 21 日的气温高达 40℃,持续一周的热浪在罗马尼亚造成 11 人死亡;在奥地利和保加利亚分别有5人和2人死亡。

国内高温也频频出现，2007年5月22—24日，海南省北部、西部、东部局部地区出现36~38℃的高温天气，海南省气象台发布了高温橙色预警信号。

2007年6月上旬和下旬，中国的东北西部、华北、黄淮和内蒙古东部出现持续高温，最高温度达到43.7℃。6月22日辽宁省全省出现高温天气，西部地区最高气温达到37~40℃，6月吉林省也饱受高温热浪的袭击，平均气温比常年同期高出3.1℃。为此，辽宁气象台发出高温红色警报，吉林气象台也发出二级干旱预警。由于高温干旱，黑龙江省大部分地区出现干旱，松花江水位下降严重。进入6月，黑龙江全省平均气温为21~25℃，比历史同期高出2~3℃。7月，江南、华南等地出现大范围持续高温天气，≥35℃的高温日数一般有10~25天，普遍比常年同期偏多5~12天，浙江东部偏多12天以上。福建省福州市6月30日—7月31日连续32天日最高气温≥35℃，连续高温日数为1880年有气象记录以来的第一位；上海市区月平均气温达到30.4℃，平了1873年以来的历史同期记录；浙江定海（40.2℃）、江苏南通（38.2℃）、福建厦门（39.2℃）等地的极端最高气温均突破了当地历史同期极值。持续高温少雨，加剧了旱情的发展，对人们生产生活也造成不利影响。

中国高温热浪的气候特点

首先让我们看看中国最热的地方在哪里?

从观测记录上看,中国最热的地方在吐鲁番的火焰山下,1975年7月13日吐鲁番附近机场曾测得49.6℃的高温。吐鲁番一年中最高气温超过35℃的天数为98.4天,超过40℃的天数为38.2天,就这些温度记录而言,吐鲁番已荣获多项全国的炎热冠军。在世界上纬度高达43°以上地区恐怕没有比吐鲁番热的了。吐鲁番的夏季炎热是因为地处沙漠和戈壁地区,年降水量只有16毫米,春夏升温很快,盆地中心的艾丁湖海拔又低于海平面154米,热量不易散发所致。但从年平均气温看,最热的当属南沙群岛,可达30℃以上。西沙群岛的珊瑚岛上年平均气温也达到了26.8℃。而吐鲁番由于气候的大陆性强,冬季气温反而要比世界上同纬度的大多数地区都低,1月份的平均气温为-9.5℃,比北京要冷得多。夏季虽热,全年平均起来要比郑州和济南还要低一些。其次,吐鲁番的降水稀少,7月份才2.3毫米,许多年份甚至夏天滴雨不下,空气非常干燥,出了汗可很快蒸发,从人体感觉上来看,还没有长江流域的夏季难过。

在长江沿岸的重庆、武汉和南京这三个城市,夏天不但白天气温高,十分炎热,夜间气温也很高,大部分日子最低气温都在28℃左右,令人十分难受。三城市每年高温日数有15~35天之多,并经常出现≥37℃的"酷热日",其中重庆的酷热日是最多的,有记录以来,三城市最高气温大都在40℃以上,因此,有"三大火炉"之称。这三个地方为什么会如此热呢?第一,在每年7、8月份,长江中下游地区的梅雨一过,副热带高压或大陆高压长期控制这里,使气流盛行下沉运动,形成伏旱天气难以生成云雨,地表面温度很高。据测定,酷热日时,地表面的最高气温可达65~70℃。第二,这三个城市地处长江流域的河谷地区,空气由地势高处向谷地内流动,不但不能形成云雨,使地面热量不易散失,热量大部分保存下来;温度越来越高;同时,长江沿岸稻田纵横、河网密布，空气中水汽含量很多、湿度很大，高温高湿的气候使人体汗液很难蒸发，使人感到非常的闷热。第三，这里夏天缺少凉风调和，三城市夏季气流以下沉为主，大气非常稳定，有时甚至连一丝风都没有，加强了这里人们对炎热的感受。如此看来，这三个城市真是当之无愧的"火炉城市"。

实际上这三大火炉还不算热。因为，南京、武汉、重庆这三个城市都在长江边上，宽阔的江面多少对气温还有一点调剂作用。从35℃以上高温的天数看，在长江沿岸，安庆有20天，杭州有21.9天，都比南京的多；九江有25天，黄石有25.6天，也比武汉的多；涪陵有36.4天，万州有36.9天，也在重庆以上。在长江沿岸以外的高温"火炉"就更多了，例如，江西贵溪的高温天数有42.7天，湖南衡阳有42.9天，重庆开县有41.6天。

2.1 高温热浪的地理分布特征

全国高温日数分布图（见图2.1）表明，全国高温日数的分布特征是存在东南部和西北部两个高值区。造成这两个高值区的原因是：在西北部地区，由于内陆盆地夏季，深受干燥气候影响，受热增温强烈，从而成为我国夏季的炎热中心。其中新疆吐鲁番盆地，是我国最著名的高温中心。吐鲁番多年平均高温日数达98.4天，为全国之最。在干旱和低洼闭塞地形的双重影响下，吐鲁番7月平均气温为33.4℃，几乎每天最高气温都超过40℃，绝对最高温度曾达47.6℃（1941年7月4日，吐鲁番测站），是我国最高的温度纪录。而在四川盆地、长江中游两湖盆地等地，由于地势低洼闭塞，四周多为山地环抱，夏季风的焚风效应显著；华南地区虽然由于高温时期较长，一日内高温延续时数也长，致使平均温度较高，但因午后云雨较多，其绝对最高温度反而比上述炎热中心为低，一般都不超过40℃。如广州为38.7℃，陕西榆林为38.6℃。随着全球气候变暖，传统不发生高温的地区，也开始出现高温热浪灾害。

从高温热浪的地理分布看，出现高温天气通常满足以下几个条件：
（1）处于中低纬度，有较多的太阳辐射；
（2）经常处于副热带高压控制之下，多晴天，风力较小；
（3）处于海拔较低的平原、盆地或浅谷中，热量不易散发。

单从极端最高气温记录看，最热的地方都是中低纬度的沙漠或荒漠地带，但酷热最难熬，对人体健康和经济生活危害最大的还是在亚热带湿润气候地区，如中国的南方、印度中北部和美国的中西部平原也属于这类气候区。

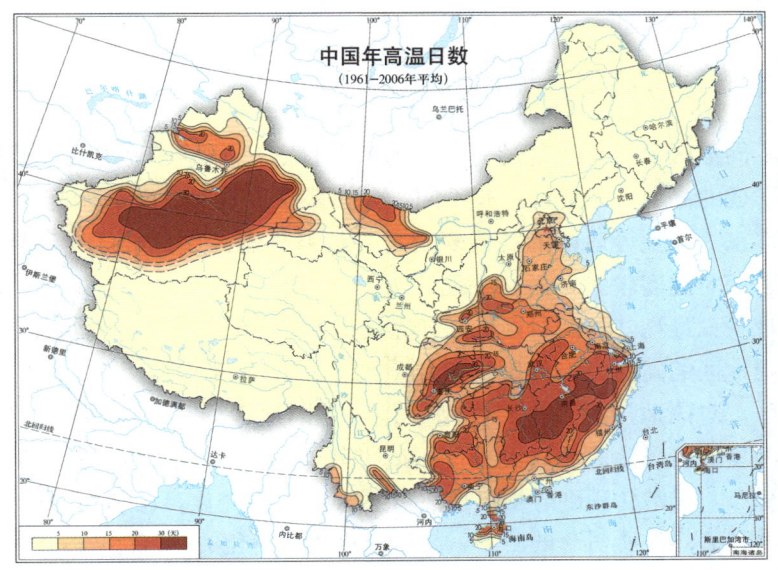

图 2.1　全国高温日数分布（摘自中国灾害天气气候图集 2007 年）

从天气条件看，高温天气一般出现在副热带高压控制下，连续多日晴天，强烈的太阳辐射将地面和土壤晒热，使热量积累到相当程度，温度才能达到最高。因此，总的来看，在北半球一年中最热的时期并不是地面接收太阳辐射最多的夏至前后，而是在夏至过后的一个多月里，"热在三伏"就是这个道理。

南亚和东南亚地区一年里最热的时期是在 4—6 月的旱季之末，以后雨季到来，气温反而要有所下降。金沙江上游的著名钢城四川的攀枝花就受到东南亚气候的影响，最热月也是在 5 月。北京历史上的两次 40℃ 以上极端最高气温记录都出现在初夏的 6 月 10 日，原因是有冷气团经中国西北地区变性成为热低压，东移过来翻过山脉下沉增温而形成的，由于雨季尚未到来，地面干燥，升温很快。这期间虽然白天出现极端的高温，但夜间并不很热。

中国新疆干热天气形势的特点一般都是青藏高原或西南方的高气压向北伸展，使新疆处于高压脊的前部，维持下沉气流和晴热天气。南方盛夏的炎热天气主要受西太平洋副热带高压的影响。从 4—5 月起副热带高压就开始影响南海沿岸并逐渐向北推进，6 月到 7 月上旬长江流域处于其外围边缘，各地先后进入梅雨期，天气并不热。7 月中下旬和 8 月上旬副热带高压继续北进，其脊线维持在北纬 30°即长江一线。有的年份副热带高压非常强盛，控制长江流域的时间很长。如果登陆的台风又少，南方就会出现持久的高温闷热天气。

2.2 不同地区高温及影响特点

在不同地区由于其所处的纬度、海拔高度、离海洋远近等地理条件的不同,所形成的高温热浪的特点亦不同,如在武汉、重庆、南京、上海、福州、杭州、广东、深圳等地区的高温表现为日最高气温高、日最低气温高、昼夜温差小、相对湿度较大,而在我国北方地区如新疆、郑州、石家庄、北京等地区表现为日最高气温高、日最低气温较高、昼夜温差大、相对湿度较小。

不同地区的高温热浪的影响与相应的生物学基础有关。由于人们长期处于某地区,对该地气象条件产生适应性,不同地区的人具有不同的耐热力,比如海南岛的居民比北方居民更能耐受炎热。另外不同地区的人群组成及人口年龄分布,老龄化程度等均可使热敏感人群发生变化,比如在同样气温下,老龄化的社区热浪所引起的后果就大于未进入老龄化的社区。

不同地区高温热浪的影响还与经济文化基础有关。经济水平高的地区,由于城市热岛的形成,可导致城市中心气温超过郊区1℃甚至几度,人口密集化带来的拥挤而容易在夏季出现"情绪中暑"。研究表明,人的情绪与气候有密切关系,尤其当气温超过35℃、日照超过12小时、相对湿度高于80%时,气候对情绪的影响显著增强。据测算,正常的人群中约有16%的人会在夏季莫名其妙地出现情绪和行为异常,如心烦气躁、为一点儿小事便大动肝火,即使有的人本身所处环境并不热,也会因为外界强烈的光线产生烦躁的情绪。靠近江河地区的人们在行为适应上更容易出现夏季到江河游泳避暑行为,文化程度高的人群更容易接触到高温保护的知识而能采取有效的干预手段避免高温热浪的不良影响,空调的广泛使用产生的空调依赖,导致人群对热的耐受下降。

因此不同地区高温热浪产生的影响,既和地区的地理位置有关,还和生理、经济文化有关。

2.2.1 华北地区

2.2.1.1 分布特点

华北地区的主要城市是北京、天津、石家庄、济南和太原,南北相差约3~4个纬距,东西约5个经距,温带大陆季风气候明显,高温天气过程有明显的地域性。北京和天津位于华北平原西北和东北部,北面和西面分别为燕山和太行山脉,东临渤海,纬度较高,出现高温日数较少,≥35℃高温日数常年平均分别为 6 天和 5 天（d）；石家庄和济南位于太行山东南侧华北平原，纬度相对较低，出现高温日数较多，≥35℃的高温日数常年平均分别为 15 d 和 16 d；太原位于西面吕梁山和东面太行山之间谷地，东、西、北三面环山，南为河谷平原，海拔相对较高，气温较低，出现≥35℃高温日数较少，常年平均为 1 d。

2.2.1.2 天气形势特点

华北地区出现高温天气一般与大陆暖高压脊控制下的大陆变性高压型和西太平洋副热带高压控制下的副热带高压型相关。大陆变性高压型约占 69%，副热带高压型约占 31%。

大陆变性高压型的特征是：在华北地区上空 850 hPa（约海拔 1500 m）为一暖高压脊，暖舌伸向华北（或有>20℃的暖中心配合），暖高压是南北走向。因大气辐射加热温度较高，且湿度小，一般相对湿度在 14%～62%之间，最小为 12%。如由大陆暖脊控制转为副热带高压影响时，相对湿度逐渐升高。

西太平洋副热带高压是一个深厚的暖性高压系统，它是夏季影响我国华北地区高温闷热天气的另一种主要系统。每年夏季 7—8 月份东亚副热带高压盘踞在华北地区上空，该地区以闷热少雨天气为主，相对湿度偏大，一般在 52%～82%。夏季风含有丰富水汽，它进入大陆后，受到夏季大陆辐射加热作用和副高脊线附近的下沉增温，温度急升，于是形成高温高湿的闷热天气。

2.2.1.3 高温热浪致灾

以北京为例。2005 年 6 月 30 日—7 月 6 日除 7 月 2 日外，北京市连续出现了日最高气温 35℃以上、日平均气温 28～30℃以上的高温天气，极端日最高气温为 39.1℃，而且这期间降水极少，蒸发量大，农作物及蔬菜生长缓慢，对农业生产产生了不利的影响。

（1）温度高，光照强，对茄果类蔬菜的果实产生灼烧，使大椒、豇豆、黄瓜、西红柿等的叶边烧伤，菜秧提前老化，有的菜秧死亡，严重影响了产量，并且高温使得病毒病、斑枯病不同程度地发生，蚜虫、红蜘蛛、茶黄螨等虫害发生。

（2）温度高，光照强，高温超过了果树的适宜生长温度，果树的光合作用下降，果实生长缓慢，果实质量下降。

（3）当时夏玉米正处于定植期，由于前期降水多，墒情好，此次高温过程除使得夏玉米生长缓慢外，影响不大；春玉米正处于抽雄开花期，正是需水高峰期，这种干热天气对其生长不利，但由于前期的降水多，减轻了对其的影响。但对于保墒性差的薄地，高温干旱对其影响比较大。

(4) 7月6日北京用电达到1010万千瓦,电力供需黄色预警,电力资源已属中度紧缺。降温用电是北京用电负荷大幅度增加的主要因素,约占总负荷的三分之一左右。连续高温还带来城市用水猛增,7月5日的最高值为240万立方米,突破了近几年以来的最高值。

2.2.2 华南地区

2.2.2.1 分布特点

华南位于我国的最南部,以江南丘陵为主(包括两广丘陵等),山脉有南岭、武夷山等,主要城市广州、南宁和海口,东西相差5个经距,南北约3个纬距,属亚热带季风气候,冬暖夏热,高温天气具有明显的地域性。广州相对其他两城市位置偏北,高温天气相对较少,≥35℃的高温日数常年平均为9 d;而南宁和海口高温天气较多,南宁为18 d,而海口常年平均高达23 d。

2.2.2.2 天气形势特点

华南地区高温天气出现一般与副热带高压和热带气旋相联系。

副热带高压型。当西太平洋副热带高压偏西、偏北、范围大、强度偏强,西伸脊点位置偏西、偏北时;亚洲中纬度大气环流较平直,从高纬度南下来的冷空气只能沿着中纬度宽槽纬向传播,很难到达南方的广大地区,就容易出现高温天气,这种天气形势大约占50%左右。

南海热带气旋型。热带气旋中心位于南海的中北部,南海中北部为强辐合区,本地区吹东北到北风,为较强的辐散区,空气产生了强烈的垂直下沉运动,同时本地区上空的水汽被热带气旋外围的螺旋云系卷入,容易造成华南沿海地区没有降水,出现高温天气,而且气压低让人感觉特别闷热难受。

2.2.2.3 高温热浪致灾

以广州为例。2004年的6月至7月初,广州热得像个火炉,不少体质弱的市民纷纷被高温击倒,各医院接诊的"类中暑"病人较平时增加三成以上。据不完全统计,广州各医院每日门诊的中暑或"类中暑"病人已超过百人,至少造成39人发病死亡,其中以患有慢性病的老年人居多,不少青壮年人也出现中暑情况。死者中最年轻的是一名20岁小伙,凌晨3点半在广州南洲路附近上夜班时,疑因缺水严重忽然昏厥倒地,送医院抢救无效死亡。由于连日高温不断,各类火灾频繁,仅汽车火灾事件就连续发生多起。

不仅如此,在气温不断刷新历史同期纪录的同时,市民人均用水量亦创历史新高:2004年6月份全市人均每日用水量达到227.7 kg,相当于普通家用水桶7~8桶。6月份广州市民人均日用电2.07千瓦时，也刷新了历史纪录。商场到处是风扇、空调机的抢购人潮，许多商店的空调机样机上挂出"缺货"字样。空调机安装公司加班加点，晚上八九点钟还处处可见腰系安全带挂在高楼墙外的空调安装人员忙碌的身影。

2.2.3 长江中下游地区

2.2.3.1 分布特点

长江中下游地区主要包括长江三峡以东沿岸带状平原地区。北界淮阳丘陵和黄淮平原，南界江南丘陵及浙闽丘陵。地势低平，海拔大多在50 m左右。中游平原包括湖北江汉平原、湖南洞庭湖平原、江西鄱阳湖平原（合称两湖平原）；下游平原包括安徽长江沿岸平原和巢湖平原（皖中平原）以及江苏、浙江、上海间的长江三角洲。主要城市有武汉、合肥、南京、上海、杭州等，南北相差1~2个纬距，东西约7个经距。该地区为典型的副热带湿润季风性气候。每年夏季，一旦受西太平洋副热带高压控制及大陆高空暖高压脊控制，天气晴朗，太阳辐射强烈，上述城市将先后出现异常持续或间断性高温酷热天气。其中武汉和南京素有火炉之称，其高温天气的强度和持续时间较其他城市要强。

2.2.3.2 天气形势特点

长江中下游地区一般在梅雨过后，进入盛夏高温期间。其环流形势主要有两种类型。

（1）西太平洋副热带高压呈东西带状分布，脊线（120°E）稳定在28~32°N，它的强中心（500 hPa 高度≥5920 gpm，gpm 为位势米）位于长江口，长江中下游地区受它西伸的高压脊控制，典型例子有1978年7月上旬的高温天气的环流特征。

（2）西太平洋副热带高压断裂，块状高压盘踞在长江中下游地区，它的强中心（500 hPa 高度≥5880 gpm）在大陆上，活动于淮河流域到长江中下游以南地区。而华东沿海到日本列岛多为低槽区，有热带风暴沿近海北上，典型例子有1994年8月上旬的高温天气环流特征。

从造成盛夏高温的历史情况分析，一般出梅后紧接着的高温天气以第一类形势居多。而盛夏期间出现的高温天气以第二类居多，但也兼有第一类。

2.2.3.3 高温热浪致灾

以武汉为例。武汉市作为全国著名的火炉，夏季在副热带高气压控制下，一直存在着日平均气温高、日最低气温高的特点，同时作为全国著名的湖泊城市，水网密布，在炎热的夏季，容易出现典型的高温高湿气候，在此类气候条件下，人群非常容易发生高温中暑。

在武汉生活的人们在2006年度过了有记录以来的最热年。6—9月共发生五次高温热浪，与此相对应，中暑高发期也大致分为五个阶段。根据武汉市职业病防治院统计，6月16日—9月5日期间，全市共有150～160人因高温而中暑。其中，先兆中暑18人，轻症中暑68人，热射病17人，热痉挛44人，热衰竭13人；属于生产性中暑的有108人，属于非生产性中暑的有52人。6月份就频繁发生中暑情况，实为少见。一般中暑主要出现在7月份，而在9月份出现中暑也可以充分说明该年高温现象持续时间之久，该年也成为继1995年、1999年后的第三个9月高温年。

随着空调及电器的大量使用，夏季高温对能源供应影响越来越大。2006年6—9月的多次大范围持续性高温晴热天气，使武汉用电负荷纪录多次被刷新。6月份，大于35℃的高温日数（10天）、最低气温（30.5℃）均为6月份的百年之最，使6月20日最高用电负荷达到436万千瓦，超过2005年426.7万千瓦的"历史最高"，而2004年6月同期记录仅为268万千瓦。7月份，武汉市月平均气温比历史同期偏高2.4℃，连日高温把江城用电量再次推向新高。7月3日，武汉市最大用电负荷达到455.5万千瓦，刷新了6月20日创下的纪录。7月22日，武汉电网再次刷新纪录，达到461.5万千瓦。

2007年7月6日，武汉市的最低和最高温度分别达到29.7℃和36.8℃，位于武汉市汉阳区的墨水湖北路，一大幅水泥路面因高温膨胀爆裂。7月7日气温达36℃，当地气象台发出该年首次高温警报，紫外线强度指数和中暑指数都达到最高级的第5级。武汉公交集团为保证交通正常运作，在车站设置风扇、冷饮机及备妥防暑药品；一些大型建筑工地中午停工，避免工人中暑。

2.2.4 西北地区

2.2.4.1 分布特点

我国西北地区远离海洋，四周高山环抱，是典型的温带大陆性干旱气候。以新疆为例，新疆的高温天气是南疆多于北疆，最突出的是吐鲁番。吐鲁番深居亚洲大陆内部的低洼盆地，它的特点是冬寒夏热，气温年较差和日较差都很大。这里是我国夏季气温最高的地方，极端最高气温达49.6℃，也是我国最干旱的地方。由于它是我国陆地上的最低点，加上地面裸露，云雨少，光照强烈，大陆性显著，来自盆地南边沙漠的热风和北面天山的焚风，更使这里素有"火洲"之称。《西游记》中的火焰山，就在吐鲁番盆地一带。"埋沙煮蛋"、"石头煎蛋"以及"墙上烙饼"都是完全可信的事。

2.2.4.2 天气形势特点

西北地区地处亚洲腹地，四周环绕的巨大山脉阻挡了印度洋、大西洋的暖湿气流，当其上空受大陆暖高压或西伸的强大副热带高压控制时，天气晴好，太阳光照极强。由于地表水分少，不能起到水分蒸发耗热降温的作用，加上日照增温，气温迅速上升而形成高温天气。

2.2.4.3 高温热浪的致灾

新疆在 2007 年 6 月，由于持续高温，用电负荷一路攀升，日发电量突破 1 亿千瓦时，创下历史最高纪录。

6 月下旬，新疆大部分地区连续出现 37℃ 以上高温天气，用电需求大幅增加。据统计，6 月 27 日新疆电网最大日发电量达 1.2646 亿千瓦时，同比增长 18.63%，日最高负荷 5756 兆瓦，同比增长 23%。

由于气温过高，新疆个别发电厂机组因循环水温问题已不能满负荷运行，一些辅助设备也出现故障。5 月以来，新疆电网主力发电厂机组因故障跳闸、出力突降等原因造成的非计划停运达 35 次。

2.3 高温热浪的时间变化特征

从 20 世纪 90 年代以来，全球的极端高温事件就频繁发生。首先，极端高温事件强度越来越大，全球极端高温及高温日数屡创纪录；其次，极端高温事件发生频率较过去大大提高，部分地区甚至年年都遭受较强的高温热浪袭击；第三，极端高温热浪波及范围越来越广，以前比较凉爽的中高纬度地区天气也日趋炎热，极端高温事件越来越多。

2.3.1 高温的年代际变化特征

2.3.1.1 华北地区高温的年代际变化特征

北京在 20 世纪 60—70 年代初高温（最高气温≥35℃，下同）日数偏多，60 年代高温过程频率达 42%，且年际变化幅度大，有的年份高温天气很多，而有的年份很少有高温天气；70 年代中—90 年代初，高温天气偏少，70、80 年代高温过程频率分别为 19% 和 13%；90 年代，特别是 90 年代后期，高温天气明显偏多，强度偏强，且年际变化幅度大。

石家庄市 20 世纪 60—70 年代高温日数偏多，高温过程频率平均为 30%，且年际变化幅度大；80—90 年代初，高温天气偏少，高温过程频率为 15% 和 25%；90 年代后期，高温天气明显偏多，且变化幅度大，强度增强，≥38℃

的强高温天气过程有的年份高达5次。

内蒙古高温天气变化特征是：高温天气主要发生在7月份，月平均高温天数为0.7 d，高温天气日数较少。从高温天气的年际变化看，在20世纪70年代，月平均高温天数为0.6 d；80年代高温天气特少，月平均高温天数仅为0.2 d；进入90年代尤其是后期，高温天气有较明显增加趋势，月平均高温天数增至1.3天。6月份和8月份仅在个别地区和年份出现高温天气。

综合以上省市的年代际变化特征，可以看出，华北地区20世纪60年代至70年代初高温日数偏多，70—80年代减少；而进入90年代高温天气有较明显增加的趋势。从华北地区平均高温日数来看（见图2.2），华北地区年平均高温日数为5.6 d，最多年为1997年，达13.3 d，最少为1989年，仅有2.5 d。

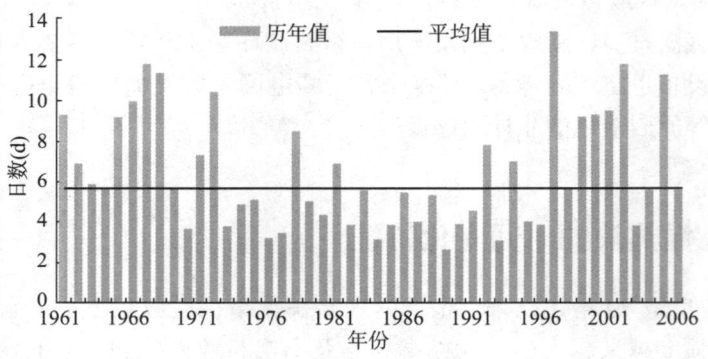

图2.2　1961—2006年华北地区年平均高温日数分布
（摘自中国灾害天气气候图集2007年）

2.3.1.2　长江中下游及华东地区高温的年代际变化特征

南京市夏季高温总日数20世纪60年代中期和70年代中期偏多，90年代中期偏多，变化幅度大；而在70代初期、80年代、90年代初期和后期偏少，极小值出现在1982年，年内没有出现一天高温，极大值出现在1966年，高温总日数为37 d；进入21世纪以后，高温天气有增加趋势，年平均高温日数达17.6 d。

杭州市每年都有高温天气出现，高温平均天数为21 d，最多的达53 d（1953年），最少的只有6 d（1972年、1973年和1975年）。若规定高温天数多于历史平均值50%的年份为多高温年，少于50%的年份为少高温年，则多高温年多出现于20世纪50年代至70年代前期和90年代，以及2000年以后；少高温年基本集中在70年代后期到80年代。

南昌市夏季高温总日数60年代偏多，变化幅度大；70年代初期偏少，后期偏多，80年代初期偏少，后期偏多，90年代变化幅度大，极小值出现在1997年，为2 d。

福州市夏季高温总日数在20世纪60年代偏少，20世纪70—90年代偏多，变化幅度大，极大值出现在1991年，为52 d，极小值出现在1973年，极值为4 d。

山东夏季高温日数呈现明显的年代际变化，20世纪50年代以来，除东部半岛外，其他均呈现明显的先减后增的气候变化特征。表现为：20世纪50年代至80年代，山东各地高温日数呈减少趋势，其中，50—60年代，变幅较大，多数年份在平均值以上，70—80年代，多数年份偏少，且变化幅度减小；80年代后期开始，山东半岛地区高温日数开始增多，且变化幅度逐年增大；90年代以后，各地夏季高温日数变幅有所增大，且均呈上升趋势，其中东部半岛地区的变化更为明显。

综上所述，长江中下游及华东地区高温天气的年代际变化基本特征是，少高温年主要集中在20世纪70—80年代，90年代以后呈增加趋势（见图2.3）。

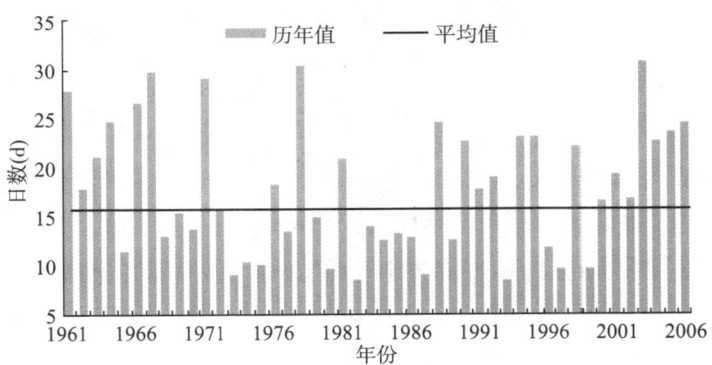

图2.3　1961—2006年长江中下游地区年平均高温日数分布
（摘自中国灾害天气气候图集2007年）

2.3.1.3　华南地区高温的年代际变化特征

广州市的高温天气年际变化特征是：在20世纪80年代中期以前，每年高温天气出现的次数较少，年平均为5.1个高温日；80年代中期之后，高温天气明显增加，年平均高温日数达12.9 d；2000年以后高温天气几乎倍增，年平均高温日数高达22.9 d。

南宁市1955—2006年52年间高温天气共出现过912 d，常年平均为17.5 d。出现频率最少的是20世纪70年代，年均只有10.8 d；出现频率最高的是20世纪60年代，达到24.1 d。从20世纪90年代开始高温天气有增加的趋势。

海口市是华南地区高温天气出现最多的城市，从1955年至2006年52年间高温天气共出现1185 d，常年平均为22.8 d。20世纪50—80年代高温天气相对较少，从90年代开始高温天气增加很快，年均高达29.4 d，进入21世纪以后猛增至36.3 d。

从华南地区的平均状况来看（见图2.4），年平均高温日数为13.9 d，最多出现在2003年为27.5 d，最少出现在1997年，仅有5.5 d。

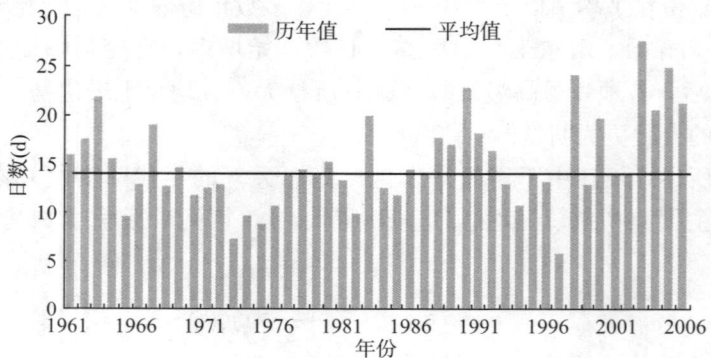

图2.4　1961—2006年华南地区年平均高温日数分布
（摘自中国灾害天气气候图集2007年）

2.3.1.4　西北地区高温的年代际变化特征

新疆维吾尔自治区的乌鲁木齐市高温天气的年代际变化特征是：20世纪50年代较少，年均只有3 d，60—70年代高温天气增加很多，年均13.4 d（60年代）和10.9 d（70年代），且极端高温强度也很强，80年代下降很多，年均只有3.7 d，90年代以来，高温天气又有增加的趋势，但是较60—70年代偏少。

新疆维吾尔自治区的吐鲁番是我国夏季气温最高的地区，同时也是高温天气最多的地区。20世纪60年代是高温天气相对较多的年代，年平均有102.4 d的高温天气，几乎包含了整个夏季；70—90年代高温天气日数有所降低，均在100 d以下；进入21世纪，高温天气来势凶猛，年平均高温日数达108.6 d。

陕西省20世纪60年代前期相对较少，60年代中期至70年代初高温日数较多，而70年代初中期至90年代初高温日数较少，90年代中期以后高温日数又进入相对偏多时期。60代中期至70年代初及90年代中期以后是高温出现较多的时期，这也反映了这段时期陕西夏季高温酷热严重，而 80 年代则相反，高温日数相对较少，反映出陕西这段时期凉夏年份较多。

上述地区的高温天气在 20 世纪 60、70 年代较多，80 年代较少，90 年代以后增加（见图 2.5）。

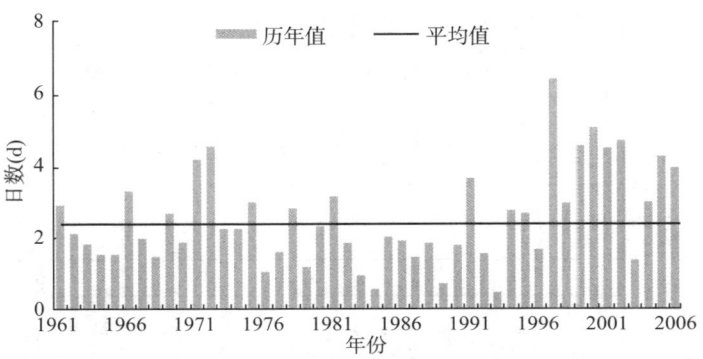

图 2.5　1961—2006 年西北东部地区年平均高温日数分布
（摘自中国灾害天气气候图集 2007 年）

2.3.2　大城市高温天气的时间变化特征

大城市是人口集中、经济发达的地区。高温天气往往会造成很大的灾害。

2.3.2.1　北京市高温天气的时间变化

北京地处中纬度欧亚大陆东侧，属典型的大陆季风气候。每年夏季都会出现数天最高气温达到或超过 35℃ 的高温天气。绝大部分的高温天气都出现在 6、7 月份，占北京高温天气的 93%（1951—2004 年）；高温天气最早出现的一次是 1955 年 5 月 13 日，日最高气温为 35.5℃；高温天气最晚出现的一次是 2002 年 9 月 1 日，日最高气温为 35.0℃。在历史上，北京 1942 年 6 月 15 日曾出现过 42.6℃ 的极端最高气温。连续三天或三天以上日最高气温大于或等于 35℃ 的次数出现过 33 次，其中 1999 年 6 月 24 日至 7 月 2 日出现过自 1951 年以来长达 9 天的最长连续最高气温大于或等于 35℃ 高温天气。2000 年是北京出现最高气温天数最多的一年，在这一年中，共出现 25 天的日最高气温达到或超过 35℃ 以上的高温日。

随着全球气候变暖，北京夏季高温热浪天气也呈现频繁发生的趋势，极端最高气温不断突破极值。从 20 世纪 70 年代以来，特别是进入 21 世纪，北京的极端最高气温有增加的趋势，且高温持续天数也在增加（见图 2.6）。研究表明，近 35 年来北京的高温和闷热天气事件有增多的趋势，年平均增加量分别为 0.25 次和 0.34 次。

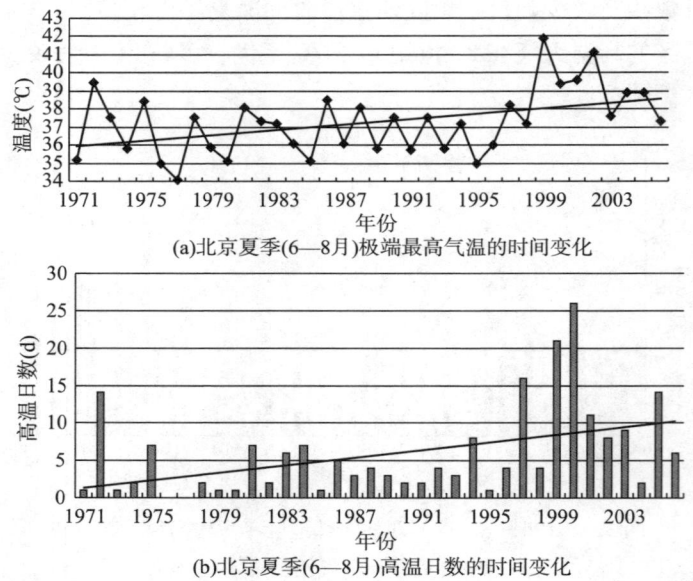

(a)北京夏季(6—8月)极端最高气温的时间变化

(b)北京夏季(6—8月)高温日数的时间变化

图 2.6 1971~2006 年北京夏季（6—8 月）高温热浪出现的强度（a）和频次（b）

北京夏季高温热浪天气的出现有明显的时间分布。绝大部分的高温天气都出现在 6—8 月，尤其是盛夏的 6、7 月最多。5 月和 9 月出现了极少的高温日。一般进入 6 月就有迅速增温出现，到 7 月高温天气达到最高，8 月又迅速回落（见表 2.1）。这与季节变换有关。北京的主汛期为 7 月下旬到 8 月上旬。进入夏季北京的雨水不是很多，增温明显，主要以干热天气为主，闷热天气很少。到 7 月中旬高温达到极大，7 月下旬开始雨水增多，气温相对较低，一直维持到 8 月中旬，闷热天气仍频繁出现。之后，但随着季节转变，气温回升势力已经不强，高温热浪天气也就较少。

表 2.1 不同月份出现的极端高温和次数

月份（月）	6	7	8
平均极端最高气温（℃）	36.3	37.2	34.1
平均≥35℃的天数（d）	3.2	4.1	1.5

2.3.2.2 上海市高温天气的时间变化

上海位于太平洋西岸，地处长江三角洲东段，西部和江苏、浙江两省相邻，南接杭州湾。上海在气候上属亚热带季风气候，每年夏季在西太平洋副热带高压控制下，多高温。

高温对上海这样特大城市的运行和人民生活带来严重影响。据 1951—

2005年55年上海市区（龙华站或徐家汇）观测资料（见图2.7），上海≥35℃的高温日数年平均为10.9 d。高温日数最多年1954年达55 d；≥37℃高温日数年平均为2.4 d，最多年达37 d（1954年），历史最高气温40.2℃，出现在1954年7月12日。

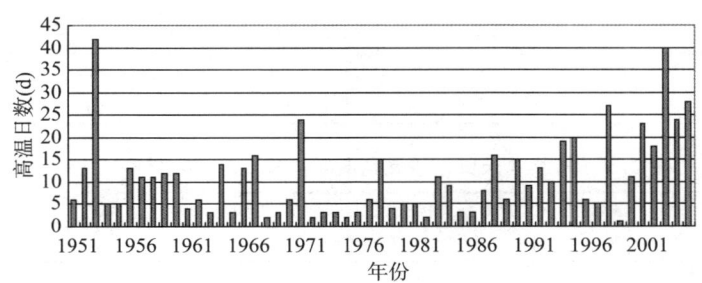

图2.7　1951—2005年上海≥35℃的高温日数

从图2.7可见1951年至80年代中期除1953年出现42 d、1971年出现24 d外，年高温日数一般都在平均数附近波动，但是80年代后期开始，高温日数有了明显增多，近5年（2001—2005年）平均高温日数达27 d，2003年达40 d。

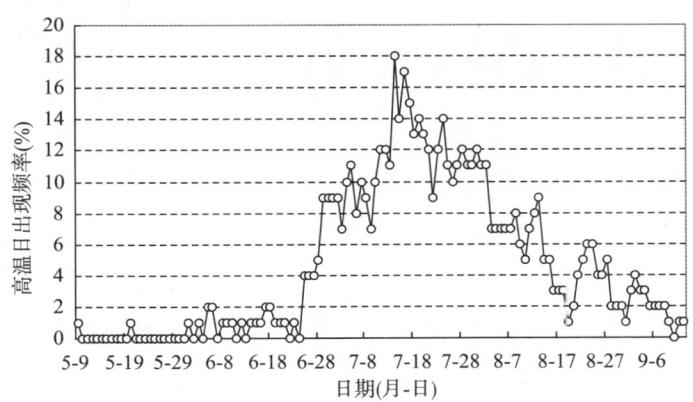

图2.8　上海历年高温日出现频次（1951—2005）

上海高温天气一般从每年的5月开始，最早初日为5月5日（1939年），一直持续到9月，最晚终日在9月27日（1947年）。在图2.8中可以看到，高温天气中主要集中在7、8月份，其中尤以7月中旬高温出现的频率最大。

2.3.2.3　武汉市高温天气的时间变化

武汉地处我国长江中下游地区，长期以来被人们称为我国夏季"三大火炉"之一。盛夏高温热浪是武汉地区一种重要的城市灾害性天气。

据资料统计分析表明，1976—2005 年 30 年间，每年日极端最高气温≥35℃的日数大于 20 d 的年份就有 12 年（见表 2.2），而进入 21 世纪以来，几乎年年都频繁出现高温天气。不仅如此，持续高温天气，也就是高温热浪天气也频频出现（见表 2.3）。

表 2.2　日极端最高温度≥35℃的日数大于 20 d 的年份及日数

年份	1971	1978	1981	1988	1990	1994	1995	1998	2000	2001	2002	2003	2004	2005
日数	28	38	25	26	21	29	24	25	24	29	21	34	23	32

表 2.3　持续 3 天日极端最高温度≥35℃总日数排序前 10 位

年份	1998	1976	2003	1978	2005	1979	1994	1990	1995	2001
日数	21	20	19	16	16	15	15	14	14	14

从图 2.9 中不难看出，高温天气在 2000 年以前出现的特征是：每年高温天数差异较大；而在 2000 年以后，高温天气出现的日数均维持在 24 天以上。

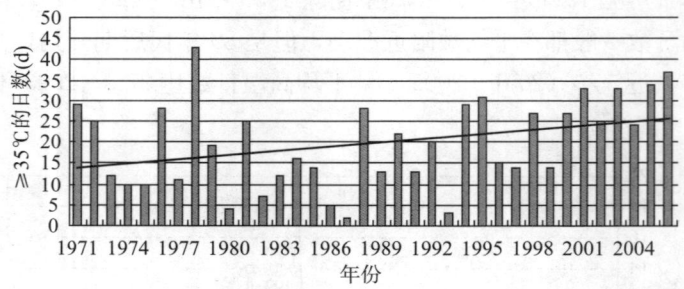

图 2.9　20 世纪 70 年代以来武汉（5—9 月）≥35℃的日数的分布

武汉的高温天气一般从每年的 5 月开始，一直持续到 9 月。在表 2.4 中我们看到，高温天气主要集中在 7、8 月份，占 5 个月总和的 85%，5 月最少，仅占 2%。从日极端最高气温来看，8 月份最高，5 月最低。

表 2.4　1971—2004 年 5—9 月武汉日极端最高温度≥35℃的日数

月份（月）	5	6	7	8	9
≥35℃的日数（d）	13	60	355	250	38
占总数的百分率（%）	2	8	50	35	5
平均≥35℃的日数（d）	0.4	1.7	9.9	6.9	1.1
极端最高气温（℃）	36.1	37.4	39.3	39.6	37.6

2.3.2.4　广州市高温天气的时间变化

广州地处我国大陆的南部，属热带季风气候。高温天气主要以气温高、湿度大、风速小的闷热天气为主，极端最高气温为 39.1℃，出现在 2004 年

6月。

广州高温天气,特别是高温热浪天气在20世纪90年代以后更加突出(见图2.10),并有增加趋势。在20世纪90年代以前,高温天气出现的日数大多数在平均值(1955—2005年平均为9.4 d)以下,在1971—1989年的19年中只有1986年和1989年超过平均值,其余17年均在平均值以下;而在90年代以后的17年里,只有1991年、1993年、1994年、1996年和1997年5年低于平均值,其他12年均高于平均值。

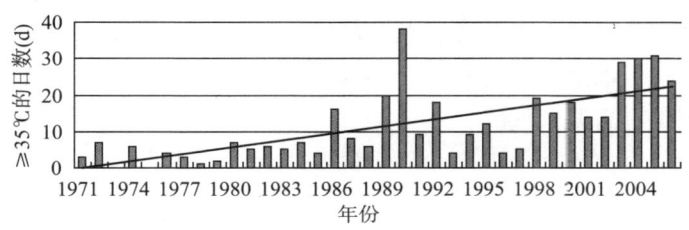

图2.10　1971—2006年广洲5—9月≥35℃的日数的年分布曲线

通过分析广州市1951—2004年逐日最高温度资料发现,广州的高温天气从5月到9月均可发生,但主要集中在7、8月份,占高温天气总频数的78.3%,5月最少,仅占1.9%。每年高温天气开始时间平均在7月5—6日,最早在5月14日,最晚在8月14日。

2.3.2.5　重庆市高温天气的时间变化

重庆地处盆地,山丘起伏,夏季热量不易散发,特别炎热,长达五个月之久,是我国南岭以北地区夏季最长的城市,也是长江沿岸"三大火炉"之最。

从图2.11中看到,除个别年份,重庆的高温天气年年都出现较长时间(20天以上),以1961、1971年为最长达59 d。从时间上看,在20世纪50年代末到70年代中期,为高温天气多发时期,维持时间长;70年代末开始有所下降,90年代又有回升,但较60、70年代要弱。

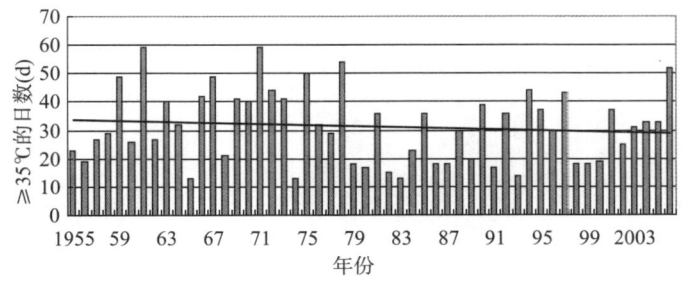

图2.11　1955—2006年重庆5—9月≥35℃的日数的年分布曲线

表 2.5　1955—2006 年 4—9 月重庆日极端最高温度≥35℃的日数

月份（月）	4	5	6	7	8	9
≥35℃的日数（d）	7	33	134	598	701	156
占总数的百分率（%）	0.4	2	8	37	43	9.6
平均≥35℃的日数（d）	0.1	0.6	2.6	11.5	13.5	3.0
极端最高气温（℃）	36.4	38.9	39.3	40.4	43.0	41.9

高温天气在重庆从 4 月份开始，一直持续到 9 月，主要集中在 7、8 月份出现，两月高温天气出现日数占总数的 80%。刚开始出现高温天气时，强度不是很强，日极端最高气温不过 36.4℃，8 月到最强 43.0℃，而后下降，10 月份基本上没有高温天气。

第3章 高温热浪的成因

3.1 全球变暖与高温热浪

全球气候变暖对人类健康最直接的影响是极端高温事件将变得更加频繁、更加广泛。夏季高温日数明显增多，高温热浪强度和持续时间增加，导致以心脑血管、呼吸系统为主的疾病或死亡率增加。特别是湿度和城市空气污染的增加，进一步加剧了夏季极端高温对人类健康的影响。

2003 年夏季，热浪席卷全球，各地气温破纪录地高达 38~42.6℃。许多老年人因此而丧生。热浪波及欧洲、印度、巴基斯坦、中国，仅印度就有 1000 多人被热浪夺去了生命。随着高温热浪的增加，心脏病和高血压病人的发病人数也在不断增加。此外，全球变暖还将导致对流层大气臭氧浓度增加，平流层臭氧浓度下降。

3.1.1 全球变暖的事实、预估及成因

全球变暖是指全球平均气温升高。近一百多年来，全球平均气温经历了冷—暖—冷—暖两次波动，总体为上升趋势。专家们指出，对全球大气、海洋平均温度以及冰川、积雪融化的观测以及对全球海平面的测量等已证实，全球气候正在变暖。联合国政府间气候变化专门委员会（IPCC）2007 年 2 月 2 日发表的第四次气候变化评估报告指出，气候变暖已经是"毫无争议"的事实，人为活动"很可能"（90%）是导致气候变暖的主要原因；过去的 100 年（1906—2005 年）全球地表平均温度升高 0.74℃；20 世纪后半叶是过去 1300 年中最温暖的 50 年；最近 12 年中有 11 年位列 1850 年以来最暖的 12 年中，仅 1996 年除外；冷昼、冷夜的发生频率已减小，而暖昼、暖夜发生频率已增加。

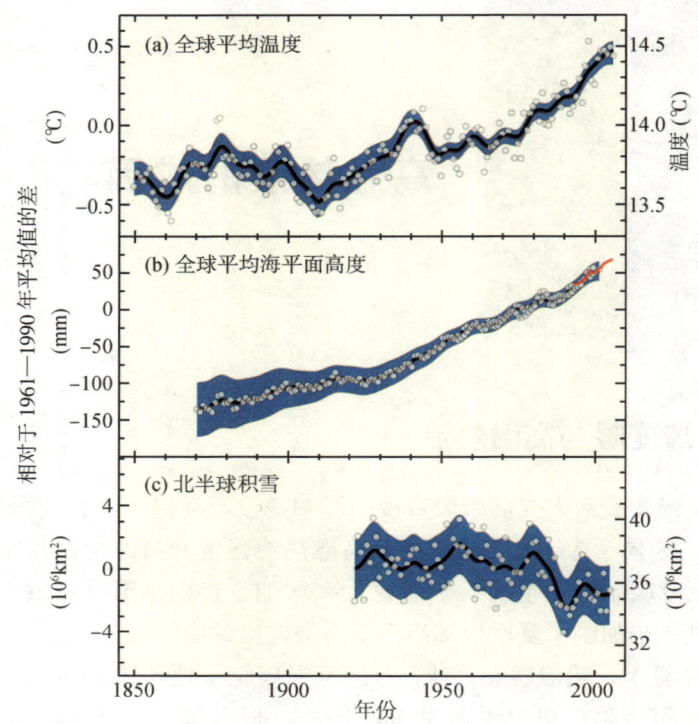

图 3.1 过去 150 年全球平均温度、平均海平面高度、
北半球积雪变化（IPCC，AR4）

表 3.1 HadCRUT3 数据集提供的全球平均的 12 个最暖年的温度距平

（到 2006 年，相对于 1961—1990 年）

顺序	年份	全球平均温度距平（℃）
1	1998	0.52
2	2005	0.48
3	2003	0.46
4	2002	0.46
5	2004	0.43
6	2006	0.42
7	2001	0.40
8	1997	0.36
9	1995	0.28
10	1999	0.26
11	1990	0.25
12	2000	0.23

根据科学家的预估，21 世纪全球气候仍将持续变暖，且速率将比过去 100 年更快，与 1980—1999 年相比，21 世纪末全球平均地表气温可能会升高

1.1~6.4℃，暖昼、暖夜将更频繁，高温热浪等极端天气气候事件发生频率增加。

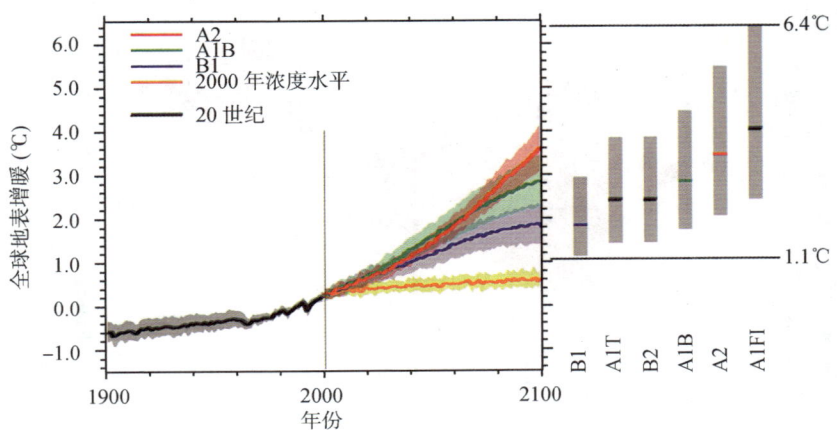

图3.2　不同排放情景下，21世纪全球平均气温变化示意图（IPCC，AR4）
（B1，A1T，B2，A1B，A2，A1FI分别为6种温室气体排放情景。排放量依次从低到高。低排放情景B1，升温为1.1~2.9℃；高排放情景A1FI，升温为2.4~6.4℃）

气候变化无国界之分，只有区域、强度、频率的差异。我国在2007年初公布《气候变化国家评估报告》指出，近百年来，中国气温呈显著上升趋势，未来增温速度将略高于全球平均值（见图3.3）。20世纪中国年平均气温升高了0.5~0.8℃，西北、华北、东北是变暖最明显的地区，变暖幅度高于全国平均值。2006年是1951年以来最暖的一年。近年，中国的高温热浪等极端天气气候事件发生的频率明显增加，强度明显增强。

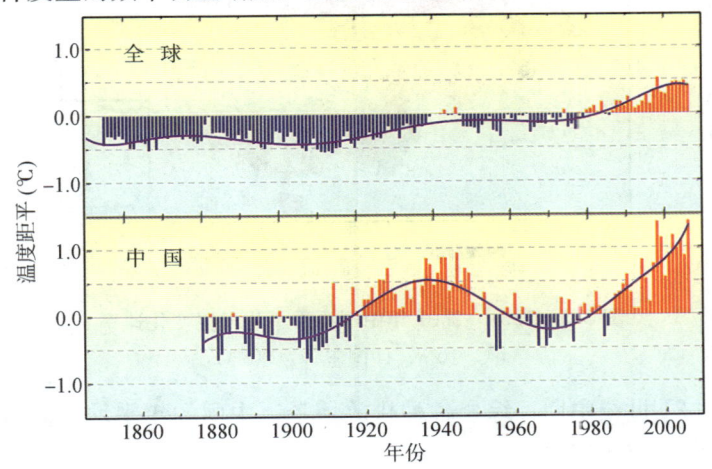

图3.3　全球和中国地表平均温度（相对于1961—1990年均值）变化

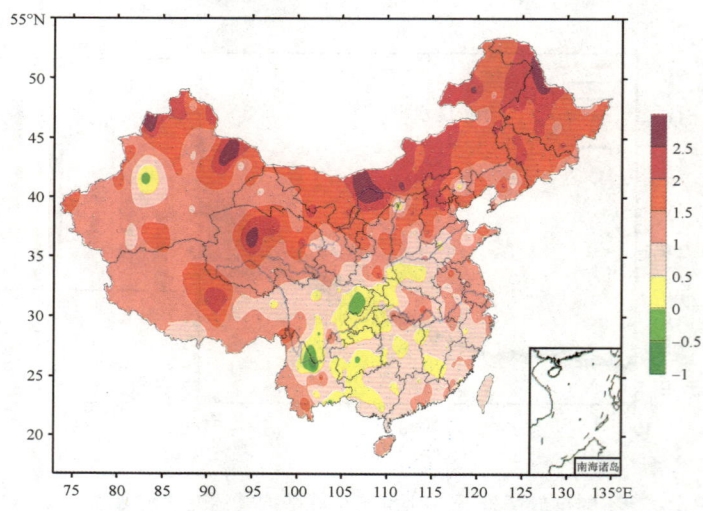

图 3.4　最近 50 年中国年平均气温变化幅度
（1957—2006 年，单位：℃/50 a）

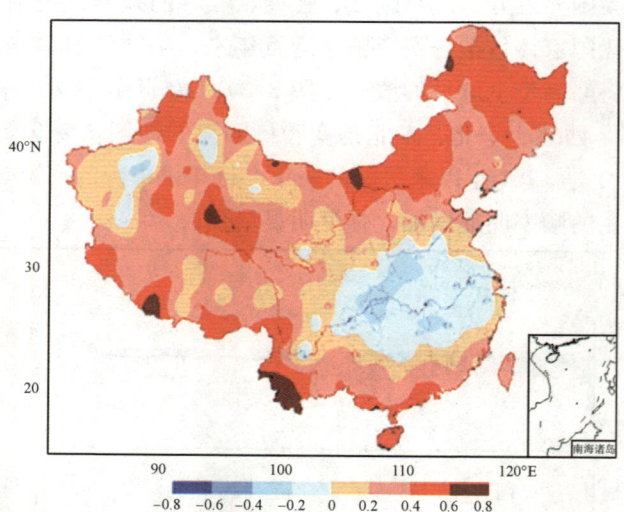

图 3.5　1951—2001 年中国夏季平均气温变化速率
（℃/10 a，任国玉等，2005）

估计到 21 世纪中期，综合各种排放情景，中国的年平均气温将增加 1～2℃，略高于全球平均值。

表 3.2　未来中国年平均地表气温变化（相对 1980—1999 年平均值的变化）

年份	2020	2030	2050	2100
气温变化（℃）	0.5～0.7	0.6～1.0	1.2～2.0	2.2～4.2

全球变暖已是不争的事实，北半球中高纬地区增温幅度最显著，过去很少出现高温的地区将也加入频繁出现高温的行列，这些变化必将直接威胁人类的身体健康和生存环境。

全球变暖的主要原因是人类在近一个世纪以来大量使用矿物燃料，排放大量的温室气体。从 1750 年开始，全球二氧化碳、甲烷以及氧化亚氮的含量一直以惊人的速度增加，目前已经远远超出工业革命前的水平。二氧化碳的增加主要是人类使用化石燃料所致，而甲烷和氧化亚氮的增加主要是由于人类的农业生产活动造成的。

3.1.2　全球变暖与高温热浪的关系

全球气候变暖是北半球及我国夏季高温热浪事件频繁出现的大背景。根据 IPCC 第 4 次评估报告，过去 50 多年来，全球大部分地区暖昼、暖夜发生频率已增加，平均每 10 年分别增加大约 4～8 d 和 2～3 d，这种增加在过去 20 多年尤为突出，几乎可以确定未来会继续增加，多数大陆地区高温热浪发生频率会显著增加。

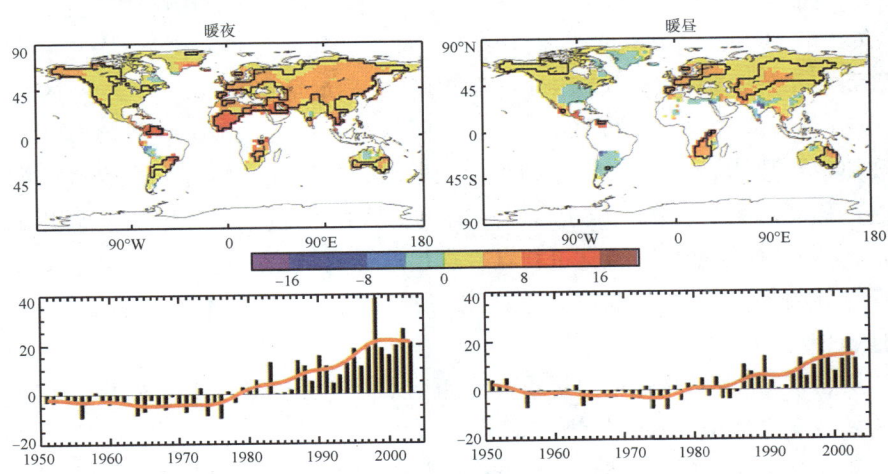

图 3.6　暖事件发生频率的变化趋势（1 d/10 a）和距平（d）时间演变图（1951—2003 年）

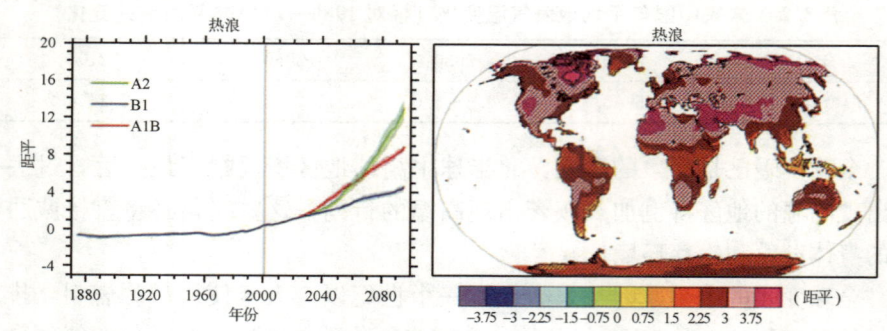

图 3.7　未来 100 年高温热浪变化预估（IPCC，AR4）

表 3.3　气候变暖背景下，高温热浪事件与未来趋势的可能性（IPCC，AR4）

现象和变化趋势	20 世纪后期出现变化趋势的可能性（以 1960 年之后为代表）	人类活动对观测到的变化趋势产生影响的可能性	基于 SRES 情景的 21 世纪预估结果，未来存在变化趋势的可能性
多数大陆地区热昼/热夜偏暖/偏多	很可能	可能（夜）	几乎确定
暖事件/热浪。多数大陆地区发生频率增加	可能	多半可能	很可能

注：SRES（The Special Report on Emission Scenario，"温室气体排放情景特别报告"的缩写）。

据日本的科学家统计，近 100 年来，整个地球的年平均气温上升了 0.7℃，而大城市的平均气温上升了 2~3℃，这一期间东京市区的气温竟上升了 7℃。在日本，气温不低于 25℃的夜晚称为"热夜"。50 年前，东京的"热夜"每年平均不到 5 个，而 1961 年到 1970 年平均每年有 14.9 个，从 1981 年到 1990 年，"热夜"增加到 23.8 个。大阪在 1991 年到 2000 年的 10 年中，年均"热夜"数达 38 个。日本东北大学工学部教授斋藤武雄在对东京气温的变化进行移动观测时发现，位于市区中心的大手町气温竟比郊区的小金井市高 7℃。斋藤教授根据种种数据进行计算得出这样的结论：40 年后，大手町夏天傍晚时分的气温将达到 43℃。他指出，那时的大手町已不是"热岛"，而是"灼热地带"了。

从北京 1971—2006 年的夏季气温变化来看，无论是≥35℃的日数，还是极端最高气温都是上升的趋势（见图 3.8）。

英国科学家的研究表明，受全球气候变暖的影响，到 2050 年，英国平均气温会比现在上升 2℃，目前平均每 350 年才出现一次的夏季特大热浪，到那时可能每 5、6 年就会发生一次。

我国科学家对上海和广州气温变化的分析表明，由于气候变暖，上海每年的热日（最高气温大于等于 34℃），将由现在 12 d/a，增加到未来 15.7 d/a；

广州每年的热日，将由现在 24.7 d/a，增加到未来 36.0 d/a。

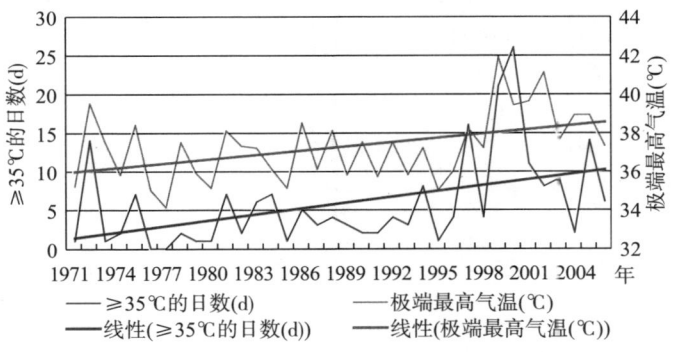

图 3.8　1971～2006 年北京夏季≥35℃的日数和极端最高气温分布

2006 年 6 月至 11 月中旬，长江流域平均降水量为 590.3 mm，是 1951 年以来历史同期次小值。夏季，重庆遭遇百年一遇特大伏旱，四川出现 1951 年以来最严重伏旱。重庆、四川两省（市）7 月中旬至 8 月下旬遭受罕见的持续高温热浪袭击，其中重庆市≥38℃的高温日数达 21 d，创历史新高；22 个区（县）最高气温破当地历史纪录，綦江最高气温达 44.5℃、万盛 44.3℃、江津 44.3℃。

表 3.4　2006 年 6 月 1 日—8 月 16 日重庆、四川部分站点极端最高气温极值表

	2006 年极端最高气温（℃）		历史极端最高气温（℃）	
涪陵 <渝>	43.5	8 月 15 日	42.2	1953 年 8 月 19 日
沙坪坝 <渝>	43.0	8 月 15 日	42.2	1953 年 8 月 19 日
万州 <渝>	42.3	8 月 15 日	42.1	1972 年 8 月 26 日
奉节 <渝>	41.3	8 月 15 日	41.3	1956 年 8 月 8 日
梁平 <渝>	40.3	8 月 15 日	40.1	1953 年 8 月 19 日
宜宾 <川>	40.0	8 月 12、14 日	39.5	1972 年 8 月 27 日
雅安 <川>	37.9	8 月 12 日	37.7	1951 年 5 月 30 日
巴中 <川>	40.6	8 月 12 日	40.3	1959 年 7 月 14 日
阆中 <川>	40.6	8 月 12 日	40.2	2002 年 8 月 5 日
南充 <川>	41.4	8 月 12 日	41.3	1951 年 7 月 2 日
乐山 <川>	39.7	8 月 11 日	38.1	1951 年 8 月 15 日
遂宁 <川>	40.3	8 月 11 日	39.5	1994 年 8 月 5 日

表 3.5　2006 年 6 月 1 日—8 月 16 日重庆、四川部分站点高温日数与历史同期比较

	≥40℃天数（d）			≥35℃天数（d）		
	2006 年	历史最多	前两项之差	2006 年	历史最多	前两项之差
沙坪坝＜渝＞	7	5	＋2	41	45	－4
奉节＜渝＞	7	5	＋2	46	41	＋5
梁平＜渝＞	1	0	＋1	31	26	＋5
宜宾＜川＞	2	0	＋2	36	20	＋16
巴中＜川＞	2	1	＋1	32	26	＋6
叙永＜川＞	6	5	＋1	29	28	＋1
南充＜川＞	5	2	＋3	42	29	＋13
遂宁＜川＞	3	0	＋3	36	24	＋12

从全国高温日数分布图（图 3.9）可见，川渝及周边地区在 2006 年夏季为全国高温日数异常高值区和中心。造成这次高温伏旱事件的原因根据国家气候中心分析，主要有三方面：北方南下的冷空气活动偏弱，西太平洋副高脊线偏北，大陆高压稳定，冬季高原积雪偏少等。从大的环流背景来看，北半球副热带高压较常年同期偏强、控制范围大；8 月以来，南亚高压也较常年同期异常偏强、位置偏东，南亚高压和副热带高压之间具有"相向而行"的联系特征，由于南亚高压的偏强偏东，有利于副热带高压向我国大陆内部西伸；由于副热带高压异常偏西，其西端控制了川东、重庆等地，受台风登陆后减弱的低气压影响，伸入我国大陆的副热带高压在我国东部被切断，使川

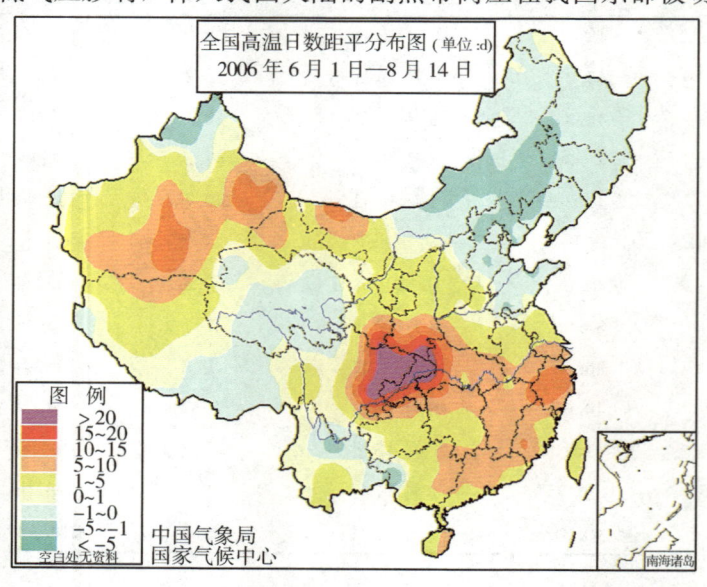

图 3.9　2006 年 6 月 1 日至 8 月 14 日全国高温日数距平分布图

东、重庆等地仍为副热带高压单体控制。在以上几个因素的共同影响下，川东、重庆较长时间连续为高压控制，造成了上述地区持续高温和干旱的发生。

3.2 天气系统与高温热浪

高温热浪的形成往往是和特定的天气系统联系在一起。形成高温热浪的天气系统主要有副热带高压、大陆暖高压（脊）、热带气旋、热低压、弱冷锋过境等。

3.2.1 副热带高压

在南北半球的副热带地区，经常维持着沿纬圈分布的不连续的高压带，这就是副热带高压带。由于海陆的影响，副热带高压常断裂成若干个高压单体，这些单体统称为副热带高压（副热带高压简称"副高"）。在北半球，它主要出现在太平洋、印度洋、大西洋和北非大陆上。出现在西北太平洋上的副热带高压称之为西太平洋副热带高压，其西部的脊在夏季可伸入我国大陆。

对观测资料的分析表明，西太平洋副热带高压是常年存在的，它是一个稳定而少动的暖性深厚系统。其强度和范围，冬夏有很大不同，夏季，西太平洋副热带高压特别强大，其范围几乎占整个北半球面积的 1/5～1/4。副高内的天气，由于盛行下沉气流，以晴朗、少云、微风、炎热为主。副高的西北部和北部边缘，因与西风带交界，受西风带锋面、气旋活动的影响，上升运动强烈，水汽也较丰富，多阴雨天气。副高南侧是东风气流，晴朗少云，低层湿度大、闷热。但当有台风、东风波等热带天气系统活动时，可能产生大范围暴雨和中小尺度的雷阵雨及大风天气。

西太平洋副热带高压是造成我国很多地区夏季高温闷热天气最主要的天气系统。每年夏季（6—8月份），当西太平洋副热带高压盘踞在某一地区上空时，这一地区则以闷热少雨天气为主，日平均相对湿度偏大，一般在 60%～86% 之间，日平均风速小，一般在 0.8～5.0 m/s。西太平洋副高影响时我国盛行东偏南风，一般称为夏季风。夏季风含有丰富水汽，它进入大陆后，受到夏季大陆辐射加热作用和副高脊线附近的下沉增温，温度急升，焚风效应明显，于是形成高温高湿的闷热天气，强盛的副高控制是上述地区高温酷热的主要原因。

西太平洋副高与我国华北、长江中下游、华南等地区高温天气的关系密切。当西太平洋副高向我国大陆西伸至 100°E，脊线北抬至 34°N 附近，且稳定少动，华北平原被副高所笼罩时，整个华北就像一个大蒸笼，高温闷热天气常常光顾北京、天津、石家庄等地；当西太平洋副高脊线在28°～32°N，强度中心在长江口附近，且稳定少动，长江中下游地区持续高温天气；当西太平洋副高西伸至110°E以西，脊线位置在28°N以南时，华南大部分地区出现高温天气。

3.2.2 大陆暖高压（脊）

在东亚大陆的高空，常有反气旋环流存在，即高压中心或高压脊。当有暖中心或暖舌与高压中心（或脊）配合出现时，称此系统为大陆暖高压。

夏季在大陆暖高压控制下的地区，多为下沉气流，天气晴朗，空气湿度小。在太阳辐射作用，以及下沉增温作用下，空气温度激增，容易形成高温干燥天气。若大陆暖高压在东移过程中，不断加强和维持，并且十分强大，它所到地区将会出现高温天气。

3.2.3 热带气旋

热带气旋又称台风，是带来强风和强降水的天气系统。但是它的出现，尤其是向西北移动过程中，对位于它北侧的西太平洋副热带高压西伸北抬起到了推波助澜的作用。

另外，在南海地区出现的热带气旋，在其西北侧地区常被较强的辐散下沉气流控制，无降水天气出现，但空气湿度大，气温高，让人感到闷热难忍。

福建、浙江一带登陆的热带气旋，在登陆前一段时间，在其外围云系还未影响到的地区，由于地形的作用，强烈的西北下沉气流使天气持续干热，增温现象较为显著，从而造成高温天气。

3.2.4 热低压

热低压是造成华北地区高温天气的一种天气系统。由于地面的加热作用使空气变暖，暖空气的减压在近地面层形成一个浅薄的低压区，这种低压在没有冷空气加入前一般稳定少动。造成华北高温天气的热低压一般情况下是从我国西北地区向东移动到蒙古一带，呈现一个东西长、南北窄的低压带，华北往往处在低压前部。这种热低压造成华北高温天气有两种机制：低空暖平流造成的高温天气和下沉增温造成的高温天气。这两种不同机制高温主要是低空850 hPa（离地面大约1500 m高）的气流不同所形成的。当850 hPa为偏西气流时，平流增温作用明显，其他气流中多以下沉增温作用为主。

3.2.5 弱冷锋过境

对北京出现高温天气的形势分析表明，弱冷锋过境亦可形成高温天气，但次数相对较少。锋面过境之所以能形成高温，其主要原因是锋面上有强烈的扰动和下沉增温作用。这种作用的效果就是，使近地面层的温度垂直递减率明显加大，基本以干绝热或少量的超绝热递减率形式表现出来。如果空中是一个相对较暖的气团，这样地面气温会明显偏高。

锋面形成高温一般有以下几个条件：

（1）北京上空 850 hPa 为相对较暖的气团，一般温度不低于 20℃。

（2）高空形势一般是脊前西北气流，和冷锋配合的弱短波槽是沿西北气流下滑，地面冷锋呈现一种明显干冷锋状，冷锋前基本无云。

（3）锋后的冷空气势力很弱，在锋面过境时，不会形成明显的平流降温。

（4）锋面过境时间要求在中午前后，这样使地表增温最大效果和下沉增温效果相结合，从而出现高温天气。

对锋面高温天气过程的分析发现，这种形势所形成的高温，在锋面发展形成之前，北京上游是一个热低压，北京受暖气团控制，为以后出现高温提供了一个较高的基础温度。

3.3 城市化与高温热浪

全球变暖的趋势在城市地区的表现比在农村地区要强烈得多。随着城市化进程的加快，高温热浪在城市区域呈现快速增加的趋势。

3.3.1 城市热岛

城市和农村都受到高温热浪的影响，但是城市受影响更大。这是因为城市人工热源多，污染严重，建筑物和公路储存热量的能力强。城市的高楼大厦、道路上的沥青和水泥在炎热的白天吸收热量后，在夜间释放出来，继续加热着周围的空气。而大量车辆排出的热乎乎的尾气更是"火上加油"。因此，在夏天的夜晚住在城市的人，会感觉越来越闷热，像在洗桑拿浴，身上总是黏糊糊的。这种城市比农村、郊区温度高的现象，就是所谓的城市热岛效应。

城市热岛效应已经对人类的健康产生非常重大的影响。过去 30 年中，英国伦敦夏季只有 20 个夜晚的最低气温降到了 20℃以下，这比以前少得多，使人们的生活舒适度下降。结果是伦敦人在夜晚出汗比预料的要多得多，感觉闷热难耐。许多疾病也在"热岛效应"作用下爆发，最常见的就是中暑；同时，持续高温会使人食欲减退，消化不良，胃肠道和溃疡性疾病增多等。

城市热岛效应形成原因主要有：（1）人为排放热量大。城市由于人口、生产、交通集中，在工业生产、家庭炉灶、内燃机燃烧、机动车行驶等方面消耗能源的同时，都有一定的"废热"排放，使城市区域增加许多额外的热量收入。(2)"微尘云"的增温作用。城市的工厂及居民生活不断地向大气中排放气体、烟尘，使城市上空的空气污浊不堪，在城市上空形成一种"微尘云"，这种微尘云和温室气体都有阻隔热量向外散发的作用，它们就像保温层一样包围在城市上空，导致城市上空的空气比同地区的农村温度高。(3)密集建筑物的作用。由于城市中高层建筑物鳞次栉比，使地面风速明显减小，不利于城市热量的扩散。混凝土、柏油路面以及各种建筑墙面等人工建筑物吸热快而热容量小，在相同的太阳辐射条件下，其表面温度明显高于绿地和水面，从而改变城市区域的能量平衡。(4)城市绿地和水体少的不利影响。随着城市中建筑、广场和道路的大量增建，绿地、水体等自然因素却相应减少，吸热少了，缓解热岛效应的能力自然就被削弱了。因此，城市地面在白天吸收太阳辐射比乡村多，气温高，形成"城市热岛"。在夏季，城市热岛效应会加剧城市高温的酷热程度，增加使用风扇、空调降温而带来的能源消耗、环境污染，影响人民生活质量。

3.3.2 城市结构、布局和城市下垫面

城市热岛的空间分布和城市结构、建筑物布局和下垫面地表参数有密切的关系。城区建成面积，城市布局、街道走向和植被覆盖率，土地利用类别等都市化因素对热岛效应的范围和强度都有影响，天穹可见度和建筑高度具有决定性作用，它们和地表能量平衡呈线性关系；城市建筑物密度越大，布局越呈团块状，下垫面对太阳辐射吸收就越明显，吸收的太阳辐射总量就越多。这种情况，下垫面的天穹可见度就越小，地表热量损失的空间也就越小，地面通过长波辐射损失的热量就越少，气温就越高；另外，城市中建筑物参差错落，形成许多高宽比不同的城市街谷。这种复杂的立体下垫面，在白天能比郊区吸收较多的太阳辐射，在夜晚热量比空旷的郊区不易外散，这两方面的共同作用是形成城市热岛效应主要因素。研究表明城市等温线非常规则的呈同心圆状从次城区向内城区增加，但也有偏离这种情况的，偏离的原因可能是由于密集的高建筑群的存在，密集的高建筑物对平均最大的热岛强度有很大影响，最高的温差主要集中在密集的建筑群的市中心。

3.3.3 城市人为热和空调使用

3.3.3.1 城市人口因素的影响

城市人口密集是造成城市热量集中的重要原因。城市热岛效应与城市人

口密度及其分布状况有着密切的联系，人口密度越大的区域气温越高。据研究在人口50万～100万的城市，气温要比郊区高1.1～1.2℃，人口多于100万的城郊温差增加1.2～1.5℃。因为人口密度大的区域，往往是建筑物密集区，加上家庭炉灶、电器及人体消耗排放的热量也比较集中，往往也成了城市的高温中心之一。

许多学者指出热岛强度和人口呈正相关。热岛强度增长比率和人口增长率相关，人口增长率加大，热岛强度也加大。黄嘉佑等对中国南方地区，按人口数把城市分为6类，利用1951—2001年期间这些城市的气候资料分别对它们不同季节和全年的气温特征进行分析，发现气温随人口数增加而增加，其与人口数的关系可以用非线性函数来反映。还提出用这些城市的气温变化的主分量趋势与自然变化趋势的差值作为热岛效应的估计。但是在有其他条件影响时，如沿海城市由于海洋的影响，就不符合这个规律。

3.3.3.2 城市人为热的影响

城市是人类生产和生活最集中的场所，人类的生产生活都要放出大量的热量，人为热是造成城市热岛效应的重要的因素。据对美国一些大城市的调查估计，城市中人为热源的比例，来自工厂、家庭炉灶、冷气、采暖等固定热源约占四分之三，而汽车、摩托、电车等移动热源约占四分之一。人体和家畜等新陈代谢热量一般还不到1%。据测定，有的城市冬季人为热释放量很大，甚至比太阳净辐射还要大。如莫斯科冬季人为热释放量达到同期太阳净辐射的3倍，美国纽约曼哈顿区竟高达6倍以上。人为热对热岛的影响夜间最大，夏季城市夜间降温往往没有郊区降温快。有研究表明，由于人为热城市的温度要比郊区至少高2℃以上，人为热改变城市边界层的温度廓线，臭氧浓度增加10 ppb,[①] 有机污染物更容易向高层大气传播。

3.3.3.3 空调使用、居住水平和城市绿化的影响

空调可以使人在暑热环境中降低热胁迫，因而空调的广泛使用可以降低热浪对健康的影响，为了减少高温危害，城市中空调拥有量普遍增加。从上海市1995—2003年发展的情况来看，1998年每百户家庭拥有空调数不足40台，而2003年这个数字则超过了130台，也就是说每户家庭至少拥有了1.3台空调。但是，从另一个角度讲，大量空调的使用，造成了人为热的排放，在某种程度上又加剧了城市热岛效应。

另一方面，城市的发展、人居环境的改善，可使得高温热浪对人体健康

---

① 1 ppb=10^{-9}体积分数。

的影响会有所减小。1995年美国芝加哥热浪调查表明，居住在通风不好或者没有空调的住房的人是高温热浪的易感人群。仍以上海为例，2003年居民家庭的人均居住面积和城市绿化率远比1998年有了明显改善（见图3.10）。而通风良好的住房也有利于创造舒适的室内环境从而降低高温热浪引起的额外热死亡。

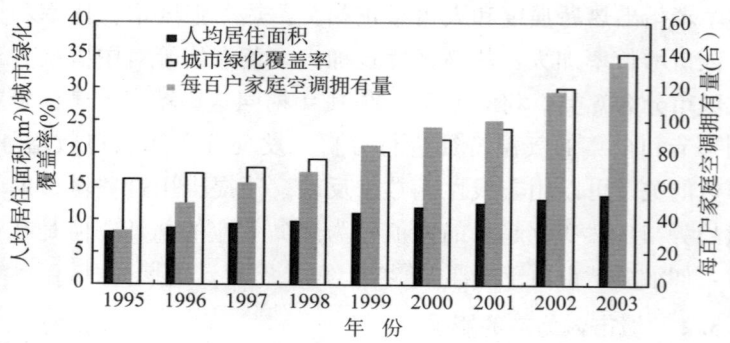

图3.10　上海市人均居住面积、空调拥有量和城市绿化覆盖率的变化（1995—2003）

3.3.4　城市热岛和人群超额热死亡

谈建国（2008）分析了1998年8月份热浪期间城市热岛与全人群超额死亡的关系。由图3.11可以看出上海市区10个区（黄浦、南市、卢湾、徐汇、长宁、静安、普陀、闸北、虹口和杨浦）、近郊4个区（闵行、宝山、嘉定和浦东）和远郊6个区县（南汇、奉贤、松江、金山、青浦和崇明）超额热死亡数有着明显的差别。市区10个区平均超额死亡率为102.4%，其中普陀超额死亡数最高（142.2%），静安次之（131.0%），卢湾最小（84.5%）；近郊区平均超额死亡率为84.3%，其中超额死亡率以城市北部的宝山最高（118.0%），西部的嘉定最低（65.0%）；远郊区平均超额死亡率仅为43.0%，以西部的青浦最高（77.3%）、南部沿杭州湾的金山最小（19.8）。热浪死亡有着明显的地区分布特征，市中心区超额死亡率要远大于郊区。热浪期间超额死亡率的地区分布特征应该是和城市热岛效应有着密切联系的。

进一步计算1998年8月份热浪期间上海市区龙华站和近郊（闵行、宝山、嘉定和浦东）4个气象站和远郊（南汇、奉贤、松江、金山、青浦和崇明）6个气象站平均热岛强度指数，并与各区县同期的超额死亡率对比可以看出（图3.11）各区县超额死亡率的高低和热岛强度有着非常好的对应关系。城市热岛强度指数（UHI）越大，超额死亡率也越高（图3.12）。

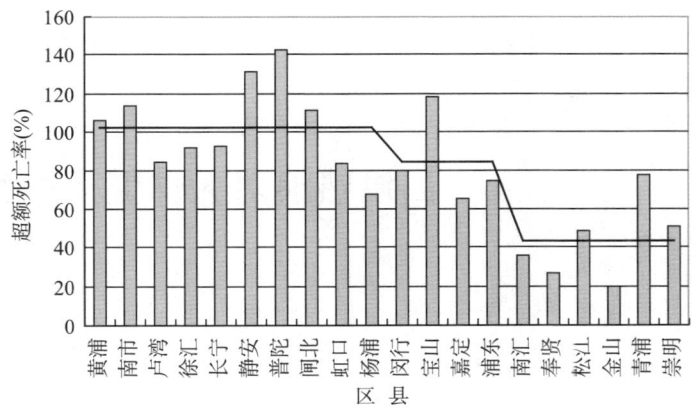

图 3.11　1998 年 8 月热浪期间（8 月 7 日至 17 日）超额死亡率的地区分布特征

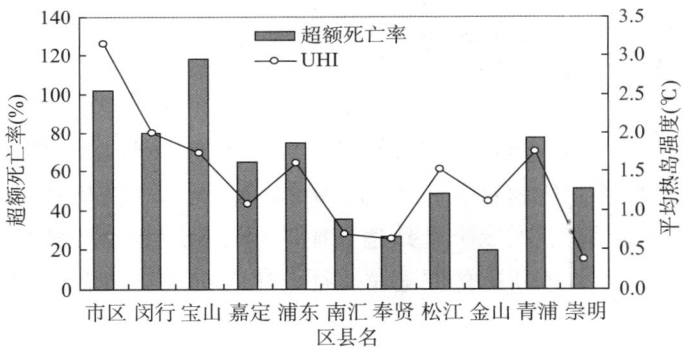

图 3.12　上海各区县超额死亡率与热岛强度指数（UHI）

第4章 高温热浪对人体健康的危害

4.1 高温环境与人体热生理

在自然界任何物体之间总是相互不断地进行着能量的传递和交换。人作为有机生命体，与其他物体或周围环境的能量交换比较复杂。人摄入食物经氧化转化为能量，一部分用于人体各器官的运动和对外做功，另一部分转化为维持一定体温所需的热量，如果有多余的热量还要释放到周围环境。人体与其热环境间的热交换机制是由气温、水汽压、风速，以及平均辐射温度来决定的，而平均辐射温度取决于到达人体的所有长波和短波辐射。除了上述所列的气象因素和人体新陈代谢速率，还与服装的绝热性能以及人体热生理有关。

4.1.1 人体与环境的热交换

人体与环境热通量交换示意图如图4.1所示。图中 M 表示新陈代谢速率，I 是太阳直射辐射，D 是太阳散射辐射，R 是太阳反射辐射，A 是大气长波辐射，E 是地面长波散射，E_{KM} 是从人身体表面发射的长波辐射，Q_H 是显热湍流通量，Q_{SW} 是由于出汗损失的潜热湍流通量，Q_L 是水汽扩散造成的潜热湍流通量，Q_{Re} 是湍流呼吸热通量（显热的和潜热的）。体温调节控制系统示意图见图4.2。

典型热平衡公式可以表示如下：

$$S=M-(\pm W)\pm R\pm C\pm C_{res}\pm E\pm E_{res} \tag{4.1}$$

其中 S 为体内蓄积热；M 是代谢产热量；W 是做功产热量；R 是辐射热交换量；C 是对流热交换量；C_{res} 是呼吸道对流热交换量；E 是皮肤蒸发热交换量；E_{res} 是呼吸道蒸发热交换量。"+"号代表净获热量；"−"号代表净散热量。

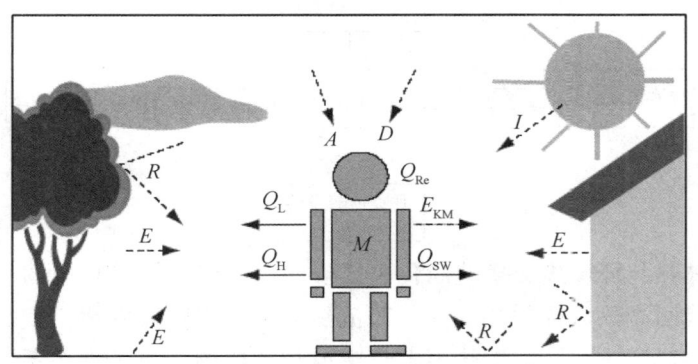

图 4.1　热环境通量交换示意图（引自 WMO，2004）

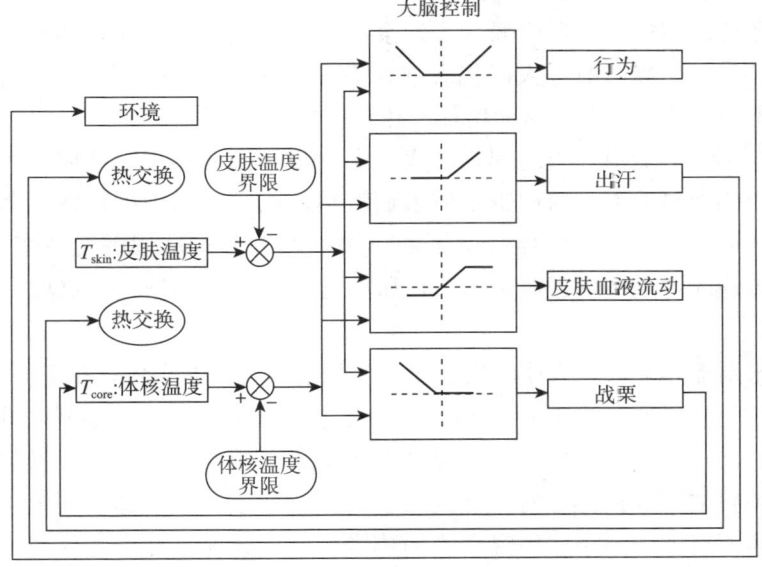

图 4.2　体温调节控制系统示意图（脑控制曲线显示了对于错误信号（X 轴）接收器的反应（Y 轴），引自 G. Havenith，2001）

在一般状态下如静止状态，W、C_{res}、E_{res} 很小，可忽略不计，或可从估计或测定的 M 值中减去。因此可把上述公式简化为：

$$S = M \pm R \pm C \pm E \tag{4.2}$$

最终结果是，如果 $S>0$，人体净获得热量，体温就会增加，就会感到暖或热；若 $S<0$，人体净失去热量，体温就会降低，就会感到凉或冷。

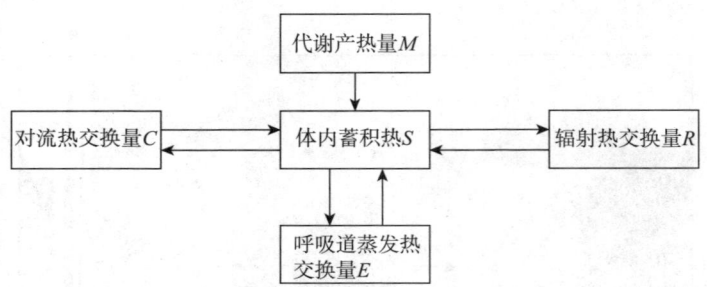

通过体热与环境热交换的简化公式表明，人体与周围环境的热交换过程主要包括代谢产热、辐射热交换、对流热交换、皮肤蒸发热交换。其中，辐射热交换、对流热交换、皮肤蒸发热交换与环境的气象条件关系较大，而代谢产热与环境的气象条件关系较弱，但仍有一定关系。下面分别给予介绍：

（1）代谢产热，尽管该要素主要与人体活动和基础代谢有关，但当环境的气象条件出现极端情况时候，人们会产生一系列生理反应，调整代谢产热的多寡，如出现高温时，人们就会减少活动，从而降低产热量，如出现低温时，人们就会身体打颤，从而增加产热量。

（2）辐射热交换，当周围物体表面温度低于人体体表温度时，人体体表就不断以辐射热的方式向周围物体表面散热，相反如果周围物体表面温度高于人体体表温度时，人体体表就不断以辐射热的方式从周围物体表面吸热，两者温差越大，人体体表面积越大，那么通过辐射作用散发（吸收）的热量就越多。

（3）对流热交换，人体的皮肤如一个黏附空气层的实体，在空气静止时，该空气层估计厚度约为 4～8 mm，当风速为 2 m/s 时，空气层厚度可缩小到 1 mm。人体就是通过这个空气层实现传导和对流换热，其中对流换热的作用远大于纯粹的传导换热。对人体而言，对流主要取决于人体表面温度、人体形状、表面特征和大小、气温和吹向体表的空气速度。其中人体表面温度与气温的温差决定了机体是否获热或吸热，而吹向体表的空气速度及温差的大小对对流热交换起重要的作用。

（4）皮肤蒸发热交换，蒸发散热指人体表面的水分由液态转化为气态，人体表面的水蒸气由气态转为液体时候出现吸热，而实际中人体表面的水蒸气由气态转为液体时候出现吸热非常少见，常见于高温水蒸气烫伤事故，因此日常中我们主要把皮肤蒸发热交换看做是皮肤蒸发散热。而皮肤蒸发散热量主要取决于人体蒸发积、蒸发水量、体表温度及该温度下饱和水蒸气分压、空气中水蒸气分压和风速。人体蒸发散热有两种形式：即不感蒸发和发汗，人体即使处于低温环境中，没有汗液分泌时，皮肤和呼吸道都不断有水分渗出而被蒸发掉,这种水分蒸发称为不感蒸发,其中皮肤的水分蒸发又称为不显汗。发汗是指汗腺分泌汗液的活动,发汗是可以意识到的明显的汗液分泌,因此,汗液的蒸发又称为可感蒸发。

人在高温环境下,体温是否能保持正常,取决于产热和散热过程的平衡。而这种平衡的是人体体温调节机构通过许多器官系统协同活动而实现的。体温调节机构包括体温调节中枢、外周和中枢温度感受器。

在外界环境气温发生变化时,如外界气温升高,将刺激人体的外周和中枢温度感受器产生神经冲动,并将神经冲动沿神经系统传递到体温调节中枢,体温调节中枢接到神经冲动后,产热中枢受到抑制而散热中枢兴奋,而使产热和散热达到动态平衡。

如果环境温度高于皮肤平均温度,这个时候机体通过辐射、对流方式是吸热效应,只能通过皮肤蒸发散热达到平衡,因此如果环境温度高于皮肤平均温度(一般人安静时平均皮肤温度为33℃),人体非常容易出现热蓄积,从而导致人体处于热应激状态。有研究报道,在不同的环境气温下,人在安静和中等强度劳动时候,通过热辐射、对流交换的热量是不同的,具体可见表4.1、表4.2。

表 4.1 在不同气温下人体安静时辐射、对流热交换情况

气温(℃)	平均皮温(℃)	气温与皮温差(℃)	显热交换量(kJ/min)		
			辐射	对流	辐射与对流
10.0	19.4	−9.4	−4.80	−3.64	−8.41
18.2	24.9	−6.7	−3.40	−2.60	−6.03
28.0	31.0	−3.0	−1.50	−1.17	−2.68
35.0	34.8	+0.2	+0.08	+0.08	+0.17
45.0	37.6	+7.4	+3.26	+2.47	+5.73

表 4.2 在不同气温下从事中等强度劳动时人体辐射、对流交换情况

气温(℃)	平均皮温(℃)	气温与皮温差(℃)	显热交换量(kJ/min)		
			辐射	对流	辐射与对流
10.0	22	−12.0	−6.06	−6.02	−12.09
18.0	26.5	−8.5	−4.31	−4.27	−8.58
28.0	32	−4.0	−2.01	−2.01	−4.02
35.0	36	−1.0	−0.50	−0.51	−1.00
45.0	37	+8.0	+4.06	+4.06	+8.17

通过对上表数据分析发现,在安静状态下,人体皮温升高速度较慢,而在一定体力劳动情况下,人体皮温升高比安静时明显。因此在同样是35℃的环境温度下,安静时是吸热反应,而中等体力强度劳动时是散热效应。

4.1.2 高温环境下能量代谢的变化

在高温环境对人体代谢，特别是基础代谢可发生影响。有研究报道人体在40℃的环境下安静受热2小时的过程中，在开始10～30分钟体内代谢产热量升高得快，随后部分受热者代谢产热增加，部分则停留在这个水平，停止受热后产热量逐渐下降，至20分钟后又降到受热前水平。研究者还观察了受热者在不同气温下产热的情况，发现在28℃气温下产热量开始增加，此后产热量随着气温升高而增加，具体数据见表4.3。

表4.3 人在安静时受不同气温作用下的产热情况

气温(℃)	肺通气量(L/min)	呼出气中CO_2量(%)	摄氧量(%)	呼吸商	氧耗量(L/min)	产热量(kJ/min)	产热增加(%)
10	7.71	3.14	3.82	0.83	305	6.17	100
24	7.68	3.32	4.08	0.81	306	6.17	100
28	8.57	3.41	4.01	0.85	326	6.64	107
35	8.53	3.21	3.93	0.81	323	6.80	110
45	8.52	3.43	3.95	0.84	322	6.93	112

此外Consolazio等人作了一系列的研究，他测定了22.1℃、29.4℃、39.8℃这三种温度作用下的能量消耗率（kJ/（m^2·min）），发现在29.4℃时能量消耗值开始增加，39.8℃时增加明显。

人体在气温下降时代谢亢进与气温上升时基础代谢减弱，都是一种有益的适应性机理，表明人体对气温改变有适应机制，但当气温升高到30℃时，由于体温升高，血流加快，大量血液被输送到体表，通过大量出汗和汗液蒸发散热，汗腺活动加强，增加了能量消耗，会导致基础代谢增加，提高人体自身的产热量。

中枢神经系统对能量代谢影响也十分明显。任何外部条件包括环境温度，均可刺激下丘脑，而引起交感神经的兴奋性增加，导致一方面促使肾上腺素的分泌，从而提高组织的氧化过程，另一方面，交感神经也可直接对肌肉及其他组织代谢发生促进作用，即所谓的适应性营养作用。

此外体力劳动强度越大，机体能量代谢越强，在和高温的联合作用下，体内的热蓄积非常明显。

4.1.3 高温环境下水盐代谢变化

在高温环境下，体温调节主要靠出汗进行，每蒸发一克汗液就可带走2.41 kJ热量，环境温度越高，人体出汗越多。汗的有效蒸发率在干热有风的气象条件下可高达80%以上,大量出汗能及时蒸发,散热作用良好;但在湿热风小的条件下有效蒸发率常不到50%,汗液难以蒸发,并形成汗珠滴落,而且可导致表皮角质层吸汗膨胀,堵塞汗腺的正常工作。

汗液中主要成分是水,还有少量的电解质,电解质浓度可参见表4.4。机体在大量出汗的条件下,可导致机体出现脱水、体内电解质紊乱、血液黏稠度提高、血浆渗透压升高等现象。

表4.4　15名健康男性的汗液成分(热性发汗)

电解质	范围(mmol/L)	平均(mmol/L)
Na$^+$	9.8～77.2	47.9
K$^+$	3.9～9.2	5.9
Ca^{2+}	5.2～65.1	50.4
NH$_3$	1.7～5.6	3.5
尿素	6.2～12.1	8.6

在高温环境下,由于人体大量出汗,导致细胞外液容量下降和血浆渗透压升高,一方面血浆渗透压升高后,将直接刺激下丘脑的视上核和视旁核分泌大量的抗利尿素,另一方面,细胞外液容量下降,则会导致血容量下降与动脉血压下降,而血容量下降与动脉血压下降,通过对位于动脉系统的动脉压力感受器和位于静脉系统的容积感受器进行刺激减弱,产生冲动减少,导致抑制抗利尿素分泌的能力减弱,而使抗利尿素的分泌增加。

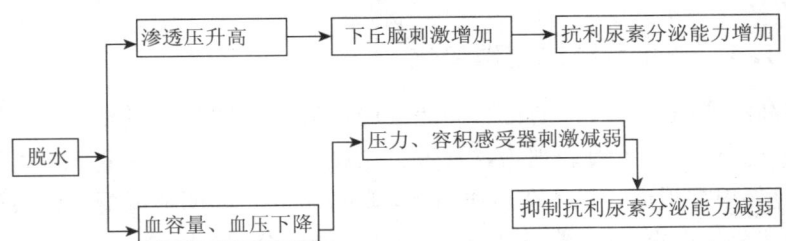

在高温环境下,由于大量出汗,导致机体钠丢失,但人体可通过肾素—血管紧张素—醛固酮系统、脑室钠—敏感受器、钠利尿素等机制对体内的钠进行调节,使血钠水平维持在135～45 mmol/L。

在高温环境下,当体液丢失过多,比如人体失去了自身体重2%以上的水分时候,称为脱水,此时出现口渴感觉,此时人体应及时喝水或静脉输液进行体液补充。

4.1.4　心血管系统的生理变化

在高温环境下,由于皮肤血流量明显加大以便及时散热,而心、脑、肾等重要的内脏器官仍需要保证足够的血液灌流，会显著增加循环血量。有研究表明，狗过热时循环血量比对照组增加 6.6 mL/kg。

在热的刺激下，大脑皮层兴奋，从而导致交感神经兴奋，使心肌的耗氧量增加，收缩力加大，出现心输出量增加，血液速度加快。刘歧山等调查发现，女列车员在火车湿热条件下（车厢气温 38.1℃、相对湿度 88%、风速 13 m/s），每搏输出量（106.47±21.27 mL/次），心输出量（7.03±1.53 mL/min），较常温下（车厢气温 23℃、相对湿度 65%、风速 5 m/s），每搏输出量（88.10±17.68 mL/次），心输出量（5.78±1.2 mL/min），明显增高。

热环境下，动物实验表明，血压在受热初期先升高，受热后期再下降。受热初期，由于热刺激下心输出量增加，导致血压升高，而受热后期在热环境中由于皮肤血管明显扩张，血流量加大，末梢阻力下降 5%～7%，导致血压下降。

高温高湿对心血管系统影响更明显，Koswnen 等对接受蒸汽浴者的实验发现，受热 10 分钟后，收缩压平均增加 19%（P＜0.05），受热 20 分钟后开始下降，但无显著性差异，30 分钟后，降到低于受热前的水平（P＜0.05），2 小时后收缩压降仍比受热前低（P＜0.02）。

高温对血压的影响，还与人体受热前原有血压水平有关，高血压人群受热时血压增高数较正常血压人群有显著差异。

高温条件下，会导致颈动脉窦与主动脉弓上压力感受器对血压变化敏感性下降，而导致血压调节反射减弱，尤其以加压反射减弱明显。

4.1.5 消化系统的生理变化

在高温作用下，人体消化腺功能减弱，其中唾液分泌明显抑制，胃分泌机制呈抑制作用，主要表现为，胃液分泌减少，胃液酸度降低（游离酸与总酸）。此外根据报道，机体在热作用下，胰腺分泌机能明显减弱，胰液分泌减少，肠液分泌亦出现抑制，同时单位时间内酶的分泌量降低。

高温环境中，由于血液重新分配，导致分配到胃肠道的血液减少，加之在热刺激下交感神经兴奋活动加强，导致胃肠道平滑肌肉蠕动减弱。此外尚有报道血液中的乳酸含量增加也能抑制胃的蠕动。

高温条件下，不但会使胃肠道蠕动减慢，还可导致肠道吸收速度减慢，此外长期的高温刺激可抑制摄食中枢，出现食欲下降。

4.1.6 神经系统的生理变化

高温条件下，由于高温的刺激作用，可导致大脑皮质机能降低和适应能力减弱，由于注意力和肌肉工作能力、动作的准确性和协调性及反应速度降低，容易出现工伤、交通等事故等。

4.1.7 泌尿系统的生理变化

高温条件下，由于大量的水分经过汗腺排出，肾血流量和肾小球过滤率下降，经肾脏排泄的尿液大量减少，有时减少可达85%~90%，如未能及时补充水分，由于血液浓缩使肾脏负担加重，可导致肾功能不全，尿中出现蛋白、红细胞等。

4.1.8 热适应与热休克蛋白

热适应又称为热习服，是指人在热环境下工作或生活一段时间后，产生对高温的适应能力。机体对热环境可出现生理、行为、形态和遗传方面的适应行为。

生理适应，机体对热环境的生理适应主要表现在体温调节、出汗机能、水盐代谢、心血管系统功能和神经内分泌功能的改善。

在热环境下，机体热负荷增加，使体温升高，因而会出现体温调节点相应上移，并产生较大的适应性反应。机体热适应后，代谢率下降，产热量减少，缓和了热对体温调节的紧张。在热环境下，机体出汗机能加强，极有利于体热平衡的维持，热适应后在等同体温下，出汗量可增加10%~40%以上，可使蒸发量提高到70%以上，出汗机能的增强，被看做是人体热适应的极重要现象。人体热适应还体现在水盐代谢的调节上，人体热适应后，垂体后叶增加抗利尿素的释放，以限制尿的排泄，避免加剧大量出汗引起的脱水，此外，可显著提高血容量，在热适应过程中饮水量增加，其特点是喝水的时间短，喝水次数增加，每次喝水量增加，热适应后，负水平衡逐渐下降，可从总补水量的60%降到30%。

人体热适应后，最突出的表现是心血管系统功能的改善。这一功能适应性变化，比其他生理功能变化出现较早，且进展较快。虽有个体差异，但总的来说，大多数人的心输出量、中心血量、血压以及外围阻力，在热适应前后变化均不明显，而显著变化的是心率和心搏出量。神经内分泌系统功能对热适应的形成过程起着重要作用。可以说，热适应的形成是大脑皮质积极活动和下丘脑—垂体—肾上腺系统的适应性调节的结果，即人体在热作用的反复刺激下，通过神经内分泌系统，使全身各系统、器官之间产生新的综合性条件反射，称为进入代偿性适应期。

人体热适应受到各种因素的影响，个体因素主要包括年龄和性别，如超过60岁年老者较年轻者难以适应热气候而易于中暑，性别因素如女性热适应能力较男性弱，身体矮胖和过度肥胖者都难产生热适应。

行为适应。机体对热环境的行为适应表现为以行为反应的方式去适应热环境。如人在热环境下，往往以减少衣着来促进体表散热。

形态适应。形态适应往往是生理适应和行为适应结合一起。如老鼠在寒冷环境下皮毛长厚，而在热条件下尾巴较长。

遗传适应。遗传适应是指机体由于适应热环境，而获得的新的特性和形态特征会遗传到下一代，并代代相传。

热耐受是指人耐受热作用的能力，人在接触热的一定时间内，虽然出现热不适应和生理应激紧张，但未出现生理危象或生理功能受损，这一热耐受程度，称为热耐受安全限度，或称为热耐受极限，通常以热耐受时间作为评价一个人的热耐受能力的尺度。

热休克蛋白（heat shock protein），又名热应激蛋白（heat stress protein，英文缩写 HSP）。1962 年 Ritossa 等发现果蝇幼虫唾液腺受热休克的刺激可诱导特殊的基因激活。他把这种环境温度升高导致的反应称为热休克反应。1974 年 Tissieses 等用凝胶电泳技术首次证明：热休克能诱导果蝇体内产生一组蛋白质，他把因环境温度升高诱导细胞合成的这组蛋白质称为热休克蛋白，近几十年，已成为生命科学研究的热点。

HSP 的生物学功能广泛，其主要功能有保护热变性的蛋白质，分子伴侣和蛋白降解作用，稳定细胞结构，参与免疫应答。热休克蛋白基因转录的调节是由热休克转录因子和热休克元件相互作用所介导的。实验证明不仅热休克可诱导热休克蛋白的合成，其他诱导因素也能诱导热休克蛋白的合成。在一定范围内的细胞损伤包括氧化作用、营养缺乏、紫外线照射、暴露于化学制品中、病毒感染和缺血再灌注损伤等能明显诱导热休克蛋白的合成。

热休克蛋白的机体受热刺激进行合成后，可保护机体免受高温致死性损伤，研究表明在热适应过程中，该组蛋白在机体保护过程中起双向作用，在适度表达时，HSP 对机体起保护作用，而过度表达时，HSP 反而对机体产生损害作用。

4.2　高温热浪引起的疾病

在高温环境下，受到热的作用，除引起与体温调节有关的生理机能紧张外，严重时可引起某些疾病。由于其病因是热的作用，故可统称为热致疾病（heat illnesses）。同时由于热应激的作用，可能导致原有疾病加重或诱发某些疾病，由于高温在这些疾病的发生发展中仅为部分原因，我们称这部分疾病为高温诱发的疾病。

4.2.1 高温直接引起的疾病

在高温条件下,高温直接引起的疾病包括中暑和精神性神经障碍。中暑是高温环境下由于热平衡和(或)水盐代谢紊乱而引起的一种以中枢神经系统和(或)心血管系统障碍为主要表现的急性热致疾病。

而精神性神经障碍又名热疲劳是指热暴露下对情绪、工作能力、技术效能产生的不良影响,情绪"中暑"就是其中的一种。

4.2.2 高温诱发的疾病

在高温环境中,由于人体处于热应激状态,交感神经兴奋,大量出汗,血液黏稠度增加,心血管系统处于高负荷运行状况,消化系统功能减弱,从而可引起原有的疾病加重。如血压在受热早期和晚期的激烈变化,可诱发心脏疾病,出现高血压、冠心病等;血液黏稠度增加可引起血栓从而出现脑卒中;消化系统功能减弱导致人体负营养状态而使原来的器质性疾病进一步加重。

(1) 热伤风

夏季气温高,人体代谢旺盛,能量消耗较大,而炎热又常使人睡眠不足,食欲不振,这样,人体的免疫力和抵抗力就开始下降,再加上过于贪凉(如露宿、电风扇直吹、空调温度调得太低等),病菌、病毒就会乘虚而入,从而导致伤风感冒。这种"热伤风",中医上称作"暑阴",属于"四时感冒"中的"夹暑感冒",它常常起病较急,症状一般是:"发热,恶寒,头痛,咽痛,无汗,小便赤红,全身无力"。

(2) 热中风

炎热的夏季,人体出汗较多,而老年人体内水分比年轻人要少,加上生理反应迟钝,所以在夏天最容易"脱水"。"脱水"会使血液黏稠,这对患有高血压、高血脂症或心脑血管病的老年人来说,无异于"火上加油",输向大脑的血液受阻变缓,发生中风的几率增高。夏季易发生"热中风",除了气温高的原因外,较低的气压也是诱病因素,容易发生中风。

(3) 腹泻

腹泻原因与饮食不当有很大关系。夏季气温高、湿度大,高温高湿的天气会促进细菌的繁殖和生长,食物容易腐烂。如饮用食物时不注意,便会发生腹泻,特别是儿童或婴幼儿。

(4) 心理疾病

在炎热的夏季,大约有16%的人会出现情绪和行为异常,特别是中老年人。医学上称之为"夏季情感障碍"。现代医学研究表明,其发生与气温、出汗、睡眠时间和饮食不足有密切关系。当环境温度超过30℃、日照时间超过12小时、湿度高于80%时，气象因子对人体下丘脑的情绪调节中枢的影响就明显增强，情感障碍发生明显增多。加上出汗多，人体内的电解质代谢障碍，影响大脑神经活动，从而产生情绪和行为方面的异常。

4.3 高温与中暑

4.3.1 中暑的时间分布

4.3.1.1 月分布

高温是导致中暑的主要气候因素。从武汉地区12年1286例中暑病例资料（表4.5）中看到中暑的发生绝大多数集中在炎热的夏季6、7、8三个月（占99.4%），尤其是7月最多（占56.8%），8月次之（占37.6%），6月较少（占5.0%），其高峰在7月中、下旬和8月上旬（占80.6%），与"热在三伏"对应。5、9月仅个别年份偶有发生，但近年夏热提前、后延均使5、6月份、9月份发生中暑几率提高。总之，中暑发病具有明显的月份特点，并与一年中月最高气温的单峰型分布是完全一致的。

表4.5 武汉市1994—2005年共12年逐月中暑人数（人）

年份 \ 月份	5	6	7	8	9	总数
1994	0	1	65	20	0	86
1995	0	0	66	8	4	78
1996	0	1	21	5	0	27
1997	0	0	2	1	0	3
1998	0	0	35	16	0	51
1999	0	2	8	1	1	12
2000	1	3	47	3	0	54
2001	0	0	41	14	0	55
2002	1	3	74	6	0	84
2003	1	0	218	342	0	561
2004	0	20	81	42	0	143
2005	0	34	73	25	0	132
总数	3	64	731	483	5	1286

从表4.5还可见，中暑人数年际差异较大。2003年中暑人数最多，占12年中暑总人数的43.6%；2004年、2005年中暑人数较多，两年总计为275人，占中暑总人数的21.4%；1994年、1995年、2002年中暑人数也相对较

多,3 年总计为 248 人,占中暑总人数的 19.3%;1997 年中暑人数最少,占中暑总人数的 0.2%。通常中暑人数多少反映的是气温高低、热浪持续时间长短。其中 2003 年武汉市出现了 1951 年以来的极端最高气温(39.6℃),相对应中暑人数最多。

4.3.1.2 旬分布

用上述资料从 5 月下旬至 9 月上旬的逐旬中暑人数统计来看(图 4.3),以 8 月上旬中暑人数的百分比最高,达 33.72%,其次是 7 月下旬,为 29.41%,再次是 7 月中旬,为 17.47%,其余各旬的百分比均在 10% 以下。

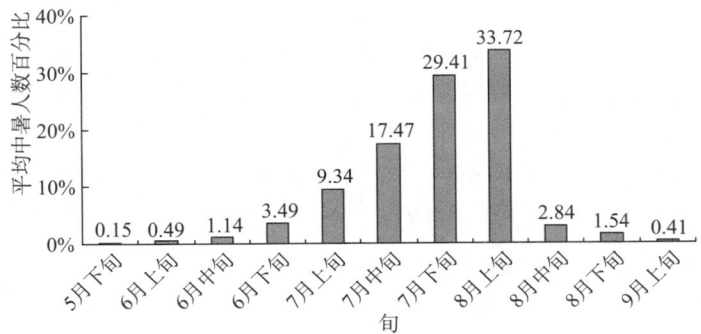

图 4.3 1994—2005 年武汉市逐旬中暑人数直方图

4.3.1.3 日分布

图 4.4 为武汉市 2002—2005 年逐时中暑人数统计结果,可以看出:一天内,9—20 时中暑人数最多,共 771 人,占总中暑人数的 92.9%,其中 11 时和 15 时为两个最多的时刻,合计 186 人,占总数的 22.54%;在 7 时、8 时、21 时、22 时中暑人数较少,合计占总数的 5.9%。23 时至 6 时则仅偶有中暑发生(最多 3 人,1 时则没有中暑发生)。

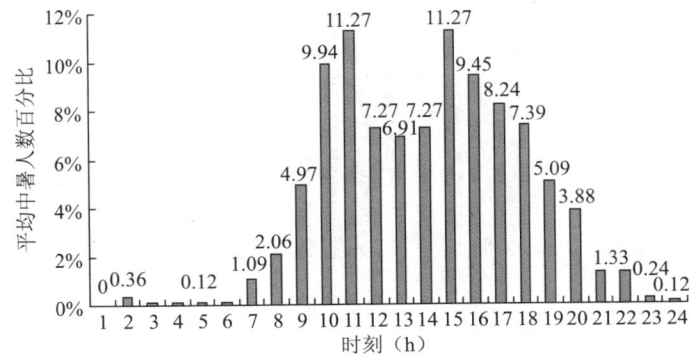

图 4.4 武汉市 2002—2005 年逐时中暑人数直方图

而南京地区的中暑资料表明,在一天当中 10—18 时发生中暑的人数最多。

4.3.2 中暑危害的特点

美国的大量研究表明,最高气温与最多死亡在时间上存在着一个 1~3 周的"错过期"即高温的持续升高比一次突然的气温变化对死亡的影响更大,这就是我们常说的高温热浪作用。此外中暑也与辐射热和环境中的相对湿度有关,有资料表明,热辐射 62.8~836.8kJ/h 时,可以给心脏 10%~15%的附加热,相对湿度大,以及风速小,不利于人体散热易发生中暑。

有研究表明:在同一气象环境条件下劳动强度越大,持续时间越长,发生中暑的可能性也越大。表明中暑尚与人体的体力负荷有关,体力负荷越大,以及持续时间越长,越容易出现中暑。

此外热适应者中暑发病率低。我国有学者统计,在夏季坑道作业的新战士(6.7%)中暑率高于老战士(2%),北方战士中暑率高于南方战士,而以海南岛的战士中暑发病率最低。

年长者中暑发生率在中暑病人中较高。武汉市居民 1994—2005 年中暑发病年龄统计结果(图 4.5)表明:中暑主要集中在年龄 16~90 岁之间,占总中暑人数的 98.1%;尤其是在 36~55 岁之间,总计 407 人,占总中暑人数的 33.7%;其次是 56~85 岁之间,总计 400 人,占总中暑人数的 33.1%;16~35 岁之间总计 350 人,占总中暑人数的 28.95%。86 岁以上中暑人数共 40 人,占总中暑人数的 3.3%;15 岁以下中暑人数共为 12 人,占总中暑人数的 1.0%。图 4.5 中出现中暑的两个峰值,20~50 岁左右可能是因为过多工作热环境暴露所致,而 75~80 岁是由于年老体弱、生理机能下降所致。

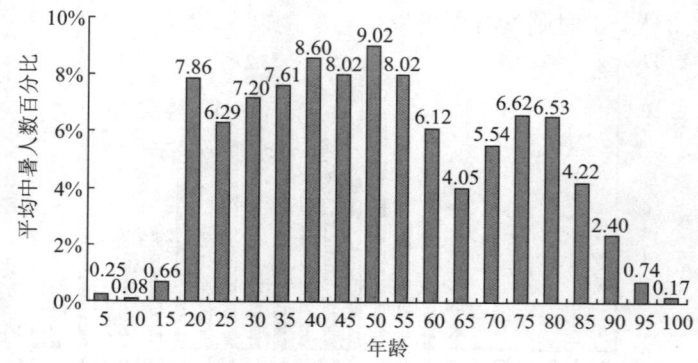

图 4.5　武汉市 1994—2005 年中暑人数的年龄变化直方图(2001 年缺)

以 60 岁来划分，60 岁以下的中暑人数多于 60 岁以上的，这是因为他们工作在热环境中的原因。60 岁以上老人的中暑人数占总中暑人数的 30.6%，这是由于老人的身体机能下降，对环境气候的适应能力降低，所以中暑对老人的生命有一定的危害性。

武汉地区男性中暑患者多于女性，11 年中共有男性中暑 757 人，占总中暑人数的 61.2%；女性中暑患者 480 人，占总中暑人数的 38.8%。这与男性可能从事更多户外工作及重体力活有关。

非白种人中暑发生率是白人的 3~6 倍，黑人中暑危险性大于白人。

影响中暑发病率的其他因素，如酒精中毒、居住在高楼顶层、使用强镇静剂或 β—受体阻滞剂等药物及患有慢性疾病等，均可诱发中暑，凡可致机体热负荷增加或散热机能障碍的因素，均可诱发中暑。

4.3.3　中暑的等级分类及处理原则

4.3.3.1　中暑先兆（观察对象）

中暑先兆是指在高温作业场所劳动一段时间后，出现头昏、头痛、口渴、多汗、全身疲乏、注意力不集中、动作不协调等症状，体温正常或略有升高。

中暑先兆的处理原则：暂时脱离高温环境，并予以密切观察。

4.3.3.2　轻症中暑

轻症中暑除中暑先兆的症状加重外，出现面色潮红、大量出汗、脉搏加快等症状，体温升高至 38.5℃ 以上。

轻症中暑的处理原则：应使患者迅速脱离高温环境，到通风良好的阴凉处安静休息，给予含盐的清凉饮料，必要时给予葡萄糖生理盐水滴注。

4.3.3.3　重症中暑

重症中暑可分为热射病、热痉挛、热衰竭三型，也可出现混合型。

（1）热射病（包括日射病）

亦称为中暑性高热，由于人体在热环境下，散热途径受阻，体温调节机制紊乱所致。临床特点是：在高温环境下突然发病，体温可高达 40℃ 以上，开始时大量出汗，以后出现"无汗"并伴有干热和意识障碍、嗜睡、昏迷等中枢神经系统症状。

热射病的处理原则：迅速采取降低体温、维持循环呼吸功能的措施，必要时应纠正水、电解质平衡紊乱。不过热射病在中暑中最为严重，即使治疗及时，死亡率仍可高达 20%。

（2）热痉挛

由于大量出汗、体内钠、钾过量丢失所致。临床特点是：有明显的肌肉痉挛、伴有收缩痛。痉挛以四肢肌肉和腹部肌肉等经常活动的肌肉多见，尤以腓肠肌最明显，痉挛呈对称性，时而发作，时而缓解。患者神志清醒，体温多为正常。

热痉挛的处理原则：及时口服含盐的清凉饮料，必要时给予葡萄糖生理盐水静脉滴注。

（3）热衰竭

在高温、高湿环境下，皮肤血流量的增加而不伴随内脏血管收缩或血容量的相应增加，不能有效的代偿，导致脑部暂时供血量减少而晕厥。临床特点是：一般起病迅速，先有头昏、头痛、心悸、出汗、恶心、呕吐、皮肤湿冷、面色苍白、血压短暂下降，继而昏厥，体温不高或稍高，通常休息片刻即可清醒，一般不引起循环衰竭。

热衰竭的处理原则：使患者平卧，移至阴凉通风处，口服含盐的清凉饮料，对症处理。静脉用生理盐水滴注可促进恢复，但通常无必要，也不必应用升压药，尤其对心血管疾病患者更应慎重，以免增加心脏负荷，诱发心衰。

非高温作业人群与高温作业人群发生中暑的机制是相同的，临床表现也相同，因此虽然该标准是针对高温作业人群而发布的，但对非高温作业人群来说，该标准仍可适用，区别点就是高温作业人员发生中暑是在工作中接触高温而导致中暑，而非高温作业人员发生中暑系在非工作阶段接触高温而导致的中暑。

4.4　高温与心脑血管疾病

4.4.1　高温与冠心病

冠心病是指冠状动脉粥样硬化使血管堵塞，导致心肌缺血、缺氧而引起心脏病，它和冠状动脉功能性改变一起，统称为冠状动脉性心脏病，简称为冠心病，又称为缺血性心脏病。根据冠状动脉的病变部位、范围、血管的阻塞程度和心肌供血不足的发展速度、范围和程度的不同，可分为无症状型冠心病、心绞痛型冠心病、心肌梗死型冠心病、缺血性心肌病型冠心病、猝死型冠心病。

冠心病主要与年龄、性别、血脂、血压、吸烟、血糖等有关。高温并不是冠心病的直接病因。高温可诱发冠心病的加重。

有关研究表明人体在高温环境下将出现：大脑皮层兴奋，从而导致交感神经兴奋，使心肌的耗氧量增加，收缩力加大，出现心输出量增加，血流速度加快，心脏负荷加大，血压突然升高，加压反射减弱，并且会出现血液黏稠度升高等生理变化，而这些均可诱发冠状动脉供血进一步不足，而使本是无症状型冠心病演化为心绞痛型冠心病、心肌梗死型冠心病、甚至是猝死型冠心病。

研究表明，北京夏季心脑血管疾病发病危险天气特征是：高温天气伴随低气压、气温气压剧烈变化伴随冷锋影响等异常强对流天气，以及高温高湿的天气。

预防高温诱发冠心病的加重，要从高温所导致的生理变化着手去进行干预，如高温可导致脱水、血液黏稠度的升高，这就要求高温条件下及时补水，冠心病患者避免在高温下工作生活过长，接触高温前预防性口服相关药物等。

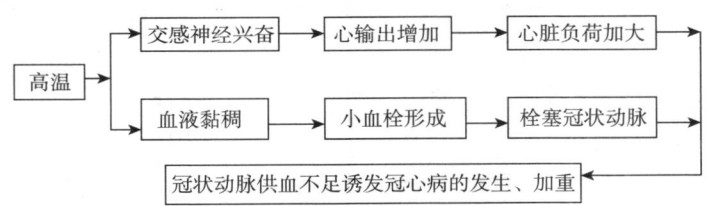

图 4.6　高温诱发冠心病的机制简图

4.4.2　高温与脑卒中

脑卒中分为出血性脑卒中和缺血性脑卒中，其中出血性脑卒中又名脑溢血，缺血性脑卒中又名脑梗塞。出血性脑卒中是自发性脑实质内出血，主要病因是高血压合并脑动脉硬化。缺血性脑卒中是由于供应动脉狭窄或闭塞。

出血性脑卒中，多见于50岁以上的高血压动脉硬化患者，男多于女，多在情绪激动后或体力活动时候突然发病，主要病理生理机制是脑血管脆化或畸形，血压突然升高导致脑血管破裂出血，形成血肿而压迫破坏脑组织，按症状程度不同分为三级，Ⅰ级，轻型，病人意识尚清或浅昏迷，轻偏瘫；Ⅱ级，中型，完全昏迷，完全性偏瘫，双瞳孔等大或仅轻度不等；Ⅲ级，重型，深度昏迷，完全性偏瘫及去脑强直，双瞳散大，生命体征明显紊乱。

缺血性脑卒中，主要是由于颈内动脉或椎动脉狭窄和闭塞，由于脑血栓的形成或脑外处栓子形成随着循环系统堵塞了脑动脉，导致脑缺血而出现缺血性脑卒中，根据脑动脉狭窄和闭塞后，神经功能障碍的轻重和症状持续时间可分为三种类型：短暂性脑缺血发作、可逆性缺血性神经功能障碍、完全性脑卒中。

对缺血性脑卒中的病理生理发病机制的分析表明，高温并不是缺血性脑卒中的直接发病原因，但高温可导致血液动力学改变、血液黏稠度升高的生理变化，可诱发血管内出现小血栓，而小血栓正是缺血性脑卒中发病的非常重要一环。

对出血性脑卒中的病理生理发病机制的分析表明，其发病的主要一环是血管脆性的增加及血压的突然升高，其中血管脆性的增加可能在发病机制中显得更为主要。前面提到的接受蒸汽浴者的试验表明，接触高温时，收缩压的变化出现了双向性，就因血压升高而产生出血性脑卒中的机制而言，这可能出现抵消作用，甚至可能出现一种保护机制。

有研究表明，武汉地区出血性脑卒中在冬季发病率最高，而缺血性脑卒中在夏季发病率最高，在北京地区，周平均气温与出血性脑卒中呈负相关，而周平均气温与缺血性脑卒中呈"U"形相关，在周平均气温小于12℃或大于23℃时，缺血性脑卒中发病率随着周平均气温的升高或降低而增加。在福建南平地区出血性脑卒中高发的三个月为1、2、12月，占全年的37.19%，缺血性脑卒中高发的三个月为12月、8月、3月，其中8月份为78例，比月均66例高出12例。通过病理生理分析及相关流行病分析表明：高温的确可诱发缺血性脑卒中，而对出血性脑卒中可能影响不大或能起到某种保护机制。

因为高温诱发缺血性脑卒中的主要机制是小血栓的形成，所以及时补水，合理安排工作生活，避免高温下工作生活时间过长，夏季清淡饮食等均可有效地预防高温诱发的缺血性脑卒中。而对于出血性脑卒中而言，由于目前研究尚未表明高温是诱发出血性脑卒中的因素，因此出血性脑卒中预防，应避免由于环境温差过大所导致的血压升高，比如进出空调房需要有个适应过程。

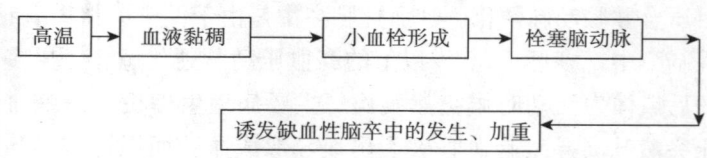

图4.7 高温诱发缺血性脑卒中的机制简图

4.4.3 高温与高血压

高血压是以体循环动脉压增高为主要表现的临床综合征，是最常见的心血管系统疾病，可分为原发性和继发性两大类。在绝大多数患者中，高血压的病因不明，称之为原发性高血压，占总高血压患者的95%以上；在不足5%的患者中，血压的升高是某些疾病的一种临床表现，本身有明确而独立的病因，称为继发性高血压。

原发性高血压，又称为高血压病，患者除了可引起高血压本身有关症状外，长期高血压还可以成为多种心血管疾病的重要危险因素，并影响重要脏器如心、脑、肾的功能，最终可导致这些器官功能衰竭。

高血压的诊断标准目前我国采用国际上统一标准，即收缩压大于140 mmHg和（或）舒张压大于90 mmHg，根据血压水平可进一步分为高血压的第1，2，3级，具体分级标准见表4.6。

表 4.6 高血压诊断分级标准

类别	收缩压（mmHg）*	舒张压（mmHg）
理想血压	<120	<80
正常血压	<130	<85
正常高值	130～139	85～89
1级高血压（轻度）	140～159	90～99
亚组：临界高血压	140～149	90～94
2级高血压（中度）	160～179	100～109
3级高血压（重度）	≥180	≥110
单纯收缩期高血压	≥140	<90
亚组：临界收缩期高血压	140～149	<90

*1 mmHg=133.322Pa，mmHg 是非许用计量单位，但在医学界仍习惯使用。

以上诊断标准必须以非药物状态下两次或两次以上的非同日多次重复血压测定所得的平均值为依据。

血压的持续升高可有心、脑、肾、血管等靶器官损害。左心室长期高血压下工作，可导致肥厚、扩大，最终形成充血性心力衰竭，高血压还可以促使冠状动脉粥样硬化，使心肌耗氧量增加，可出现心绞痛、心肌梗死、心力衰竭及猝死。长期高血压也可形成小动脉的微动脉瘤，血压骤然升高可引起破裂而导致脑出血，高血压也促使脑动脉粥样硬化的发生，可引起短暂性脑缺血发作及脑动脉血栓形成，血压极度升高可发生高血压脑病，表现为严重头痛、恶心、呕吐及不同程度的意识障碍、昏迷或惊厥。血压降低即可逆转。长期持久的血压升高可致进行性肾硬化，并加速肾动脉粥样硬化的发生，可出现蛋白尿、肾功能损害，但肾衰竭的并不多见。血管在严重高血压的作用下，可促使形成主动脉夹层，并破裂进而危及生命。

原发性高血压大多起病及进展均缓慢，病程可长达10余年至数十年，症状轻微，逐渐导致靶器官损害。但少数患者可表现为急进重危，或具特殊表现而构成不同的临床类型，包括：恶性高血压、高血压危重症、老年人高血压等。

有研究报道在高温环境下长期工作的工人血压会升高，Kloetzed 等调查了 330 人，其中长期接触高温、强热辐射的 186 人（系高炉、冶炼和轧钢工，平均年龄 36.8 岁）、一般高温的 54 人（无缝钢管厂工人，平均年龄 27.1 岁）和非高温的 90 人（平均年龄 25.5 岁），发现长期接触高温作业的工人，血压比一般高温、非高温的都要高，三组中血压超过 140/90 mmHg 者分别占到 46.7%、18.5%、14.4%并有统计学意义，血压超过 160/95 mmHg 者分别占到 18.3%、3.7%、8.9%并有统计学意义，通过调查还发现高血压患者随高温作业工龄的增加而增加，比年龄增加所导致的血压增加还要多，通过表 4.7 可以看出，35 岁以下的工人中，血压超过 140/90 mmHg 者，接触高温强热辐射的工人比一般高温工人多，而二者均比非高温作业工人增加更为明显。

表 4.7　三组中在 35 岁以下者血压超过 140/90 mmHg 的人数

分组	35 岁以下的人数	血压超过 140/90 mmHg	
		人数	%
高温强热辐射组	80	22	27
一般高温组	34	5	15
非高温组	61	2	3

高血压的发病因素很多，是否是高温的单独作用，或是高温与其他因素的联合作用，仍值得研究。但夏季的高热和空调的使用导致温差距剧烈变化，是导致血压波动的原因，而高血压患者的血压波动过大，有可能导致严重的后果。

4.5　高温与死亡

4.5.1　高温引起死亡的原因

高温对人群的健康影响是多方面的，有直接影响导致疾病，有间接影响导致疾病加重，可影响人的情绪和神经系统导致事故的发生，也可导致人的行为改变而引起事故，而这几类的最严重的后果均是死亡。导致死亡的原因非常的多，有疾病、灾害、事故等各种原因，高温作为一种气象因素，本身就可直接引起人出现重症中暑而死亡，也可作为诱发因素，使本身患有某些严重的器质性疾病的病人疾病加重而死亡，另外高温所引起人的神经功能减弱，而导致事故发生而引起死亡，甚至高温条件下人的行为适应活动，可导致行为改变而出现危险的行为因素，如夏季到江河游泳避暑，从而出现溺水事故而死亡。

首先，高温损害是夏季高温环境下容易发生的身体损害。高温作为气象因子，可直接作用于人体，导致出现中暑。尽管人体有很强的调节能力，能适应一般性高温环境，然而，长期在高温下或过度的热辐射，就会引起高温损害，如热衰竭、中暑和热痉挛。其中重症中暑中的热射病其死亡率非常高，可高达50%，每年因中暑而发生死亡的病例并不少见。据医疗部门测定：当最高气温在35~39℃之间时，人就感到奇热，当最高气温在40℃或以上时，人就感到极热了。人是恒温动物，人的体温基本保持在37℃左右，而皮肤温度约33℃，这个温差可以使身体内部的热量传至皮肤表面，使体内新陈代谢的热量释放到外界的环境中去。人体内温度只能忍受±4℃的变化范围，32℃的人体温度就会使人失去知觉，41℃的高温则会引起循环系统的崩溃，体温低于28℃或高于43℃就会引起死亡。所以高温酷热对人体的影响，轻则影响休息，降低工作效率，重则造成中暑甚至死亡。

前面已经谈到，湿度增高减少了出汗的降温作用，加上长时间的重体力劳动，增加肌肉产生的热量，也增加了高温损害的危险。老年人、过度肥胖的人和慢性酒精中毒者对高温损害特别敏感。某些药物，如抗组胺药物、抗精神药物、酒精和可卡因等也可能增加高温损害的易感性。

职业性中暑属于职业病，是指劳动者工作在高温作业环境下，人体在高温和热辐射的长时间作用下导致体温调节障碍，水、电解质代谢紊乱及神经系统功能损害。轻者出现发热、乏力、皮肤灼热、头晕、恶心、呕吐、胸闷、烦躁不安、脉搏细速、血压下降；重者可有头痛剧烈、昏厥、昏迷、痉挛，甚至引起死亡。

武汉市1995—2000年逐年、月死亡人数表明，盛夏7—8月中暑死亡人数最多，占4个月死亡人数的82.9%，而且高温年危害重，如1995年、1998年、2000年，占全部6年死亡人数的87.6%（表4.8）。

表4.8 武汉市1995—2000年逐月中暑死亡人数

年份\月份	6	7	8	9	合计	%
1995	1	38	5	14	58	49.6
1996	0	5	4	0	9	7.7
1997	0	0	1	0	1	0.8
1998	2	20	10	0	32	27.4
1999	0	1	2	1	4	3.4
2000	2	9	2	0	13	11.1
合计	5	73	24	15	117	
%	4.3	62.4	20.5	12.8		100

从武汉市2003年7、8月逐日平均气温与中暑、中暑死亡人数对应曲线图（图4.8）可以看出，7月21日—8月3日，日最高气温大部分时间维持在

38℃以上，8月1日最高气温达39.6℃，引起中暑和中暑死亡集中发生，其中8月2日有7人因中暑而死亡。

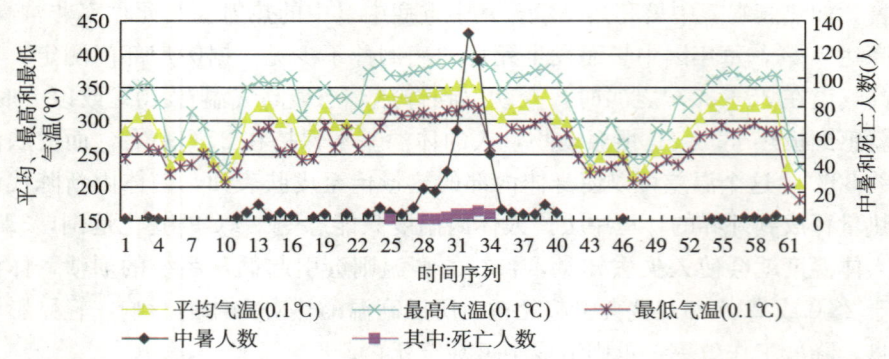

图4.8　武汉市逐日气温与中暑、中暑死亡人数对应曲线

其次高温还可诱发疾病加重而出现死亡，高温可促使冠心病加重，甚至可导致猝死，或由于大量失水，导致血液黏稠度增高，血流不畅，可诱发缺血性脑卒中的发生，可导致血压的剧烈变动，还可使人体出现营养吸收减少而消耗增加，使某些疾病患者出现营养负平衡并消瘦而导致免疫力抵抗力下降而加重原有病情。

老人因为身体对热的调节功能减弱，最容易受高温危害，严重者导致系列疾病发生而死亡。图4.9为武汉市中暑315例、中暑死亡166例的年龄分布曲线，中暑死亡年龄分布曲线是单峰型，以80岁为高峰，70岁次之，60岁和90岁分别列第三位、第四位，60岁以上合计149例，占总数的89.8%，60岁以下仅17例。考虑到60岁以上人群仅占全部人群的10%左右，60岁以上老年人中暑死亡率应为60岁以下的81倍。20岁以下尚未见中暑死亡记录。20~60岁间5个年龄段仅偶有中暑死亡发生，而中暑人数分布相对均匀。

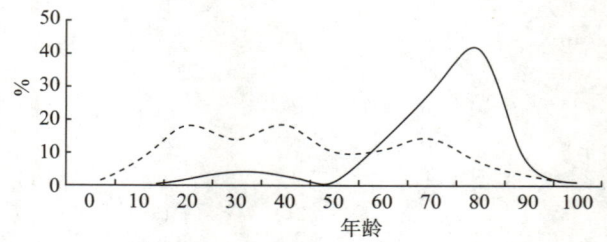

图4.9　武汉市居民1995—2000中暑死亡（实线）、中暑（虚线）的年龄分布曲线（以%表示，每10岁一段）

2003年欧洲热浪导致2.1万人死亡。由巴黎2003年6月25日—8月20日逐日平均气温与死亡人数对照图（图4.10）可见，7月14—20日，日平均气温两次超过26℃但未能超过28℃，只引起了一短期死亡小高峰。8月6—13日，气温一路上升，并两次越过30℃，引起死亡人数高峰，日死亡人数超出正常死亡人数20～250人，可见当时情况是多么的严重。

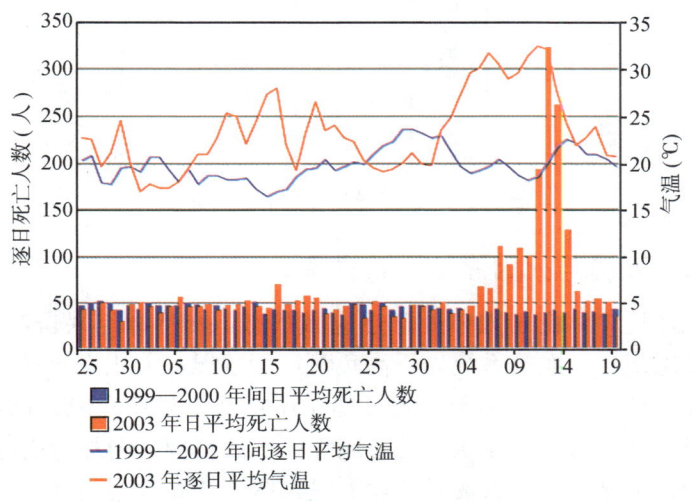

图4.10　2003年夏，法国巴黎逐日死亡人数与日平均气温的关系及与前4年同期情况对比（1999—2002）

高温条件下，由于反应速度降低，容易出现事故，包括生产性事故、车祸等，而事故的发生很容易引起伤害，甚至死亡。在高温环境下，人尚可"情绪中暑"而出现易动肝火、急躁、心烦的表现，而人处于不良的社会环境中将加重这种情绪，而引起人们冲突发生，严重的可能引起恶性事件。

高温环境下，人为了适应高温，而主动产生行为适应，如夏季避免中午出门、穿浅色衣服、皮肤大量裸露、游泳、吃雪糕、开空调风扇等。其中有的行为适应能促进健康，而有的行为适应不适当，反容易导致疾病、事故甚至是死亡。如夏季高温，在江河中游泳导致溺水而死亡的事故屡见不鲜，而暴饮雪糕等冷饮导致急性腹泻，空调使用不当而发生空调病的案例也日益增多。不过行为适应可通过健康教育、知识普及等进行修正，如避免高温时到江河中游泳，正确使用空调和适当饮用冷饮等均可保护人群受到不必要的伤害。

高温导致死亡的途径可参考下面的简图（图4.11）：

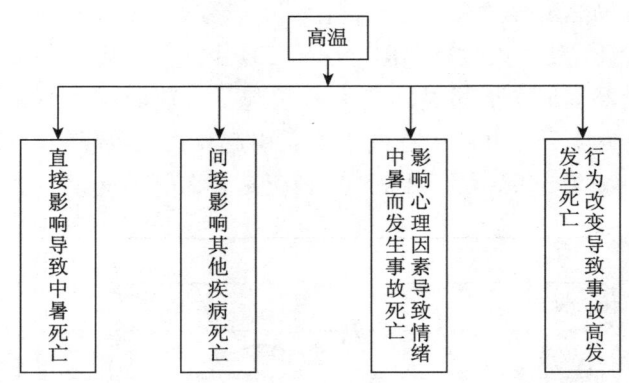

图 4.11 高温导致死亡的四种途径

4.5.2 高温与死因序位、死亡率

在高温环境中，由于人体处于热应激状态，交感神经兴奋，大量出汗，血液黏稠度增加，心血管系统处于高负荷运行状况，消化系统功能减弱，从而可引起原有的疾病加重甚至死亡。如血压在受热早期和晚期的激烈变化，可诱发心脏疾病，出现高血压、冠心病等；血液黏稠度增加可引起血栓从而出现脑卒中；消化系统功能减弱导致出现人体负营养状态而使原来的器质性疾病进一步加重。

表 4.9 1998年上海热浪期间的死因序位

死因	1998年全年		夏季		八月份		热浪期间(8月7—17日)	
	死因序位	死亡构成比（%）	死因序位	死亡构成比（%）	死因序位	死亡构成比（%）	死因序位	死亡构成比（%）
传染病	8	2.3	8	2.2	8	2	8	1.6
肿瘤	2	24.9	2	26.3	2	20.8	↓4	12.8
内分泌	7	2.3	7	2.2	↑6	2.4	6	2.7
精神病	6	2.3	6	2.4	↑5	2.5	5	3
神经病	10	0.8	10	0.8	↑9	0.9	9	0.9
循环	1	34.2	1	32.9	1	33.4	1	35.7
呼吸	3	16.2	3	15	3	16.7	↑2	15.9
消化	5	2.7	5	2.6	↓7	2.3	7	1.8
泌尿	9	1.2	9	1.2	↓10	0.8	10	0.5
伤害和中毒	4	6.9	4	7.7	4	9.3	↑3	12.9
其他		6.2		6.8		8.9		12.2
小计		100%		100%		100%		100%

以1998年8月份上海热浪为例。1998年全年死亡死因前六位的是循环系统疾病、肿瘤、呼吸系统疾病、伤害和中毒、消化系统疾和精神失常（见表

4.9)。前六位死因占死亡构成比87.2%。循环系统占了最大的死因构成比（34.2%），其次是肿瘤（24.9%），第三位是呼吸系统疾病（16.2%）。我们考察了夏季（6—8月）的死因序位，发现夏季死因序位和全年是完全一样的，但是构成比稍微有所变化。然而，进一步考察1998年8月份的死因构成比，发现死因顺序发生了变化，第五位和第六位死因被精神失常和内分泌疾病取代。而1998年8月11—17日热浪期间，死因顺序为循环系统疾病、呼吸系统疾病、伤害和中毒、肿瘤、精神失常和内分泌疾病。从表4.9中还可以看到在热浪期间肿瘤死亡所占的比例比较小，而伤害和中毒死亡所占的比例与夏季相比增加了近50%。

热浪期间各死因死亡人数和死亡率的是否发生变化？统计1989—1997年8月份平均日死亡人数和平均死亡率（见表4.10）。

表4.10　热浪期间各死因超额死亡率和死亡数比较

死因	1989—1997年8月		1998年热浪期间（8月7—17日）		超额死亡率（%）	平均日超额死亡数（人）
	日均死亡率(1/100,000)	日均死亡数（人）	日均死亡率(1/100,000)	日均死亡数（人）		
传染病	0.0387	2.5	0.0755	9.8	95.1	7.3
肿瘤	0.4505	58.0	0.5950	77.3	32.1	19.3
内分泌	0.0297	3.8	0.1247	16.2	319.9	12.4
精神病	0.0315	4.1	0.1389	18.1	341.0	14.0
神经病	0.0113	1.5	0.0416	5.4	268.1	3.9
循环	0.4506	58.0	1.6604	215.8	268.5	157.8
呼吸	0.2474	31.9	0.7383	96.0	198.4	64.1
消化	0.0568	7.3	0.0842	11.0	48.2	3.7
泌尿	0.0185	2.4	0.0219	2.8	18.4	0.4
伤害和中毒	0.1260	16.2	0.6005	78.1	376.6	61.9
其他	0.0879	11.3	0.5688	74.0	547.1	62.7
总和	1.5490	199.5	4.6499	604.5	200.2	405.0

注：其他类主要指不明原因的死亡、血液病以及怀孕、分娩和产后并发症死亡等。

比较发现：

（1）各类疾病在热浪期间都有增加，在1998年8月7—17日热浪期间超额死亡数平均达到405人/天。伤害和中毒、精神失常、内分泌疾病、神经病和循环系统疾病、呼吸系统疾病占据着较高的超额死亡，其超额死亡率分别为376.6%、341.0%、319.9%、268.1%、268.5%和198.4%，几乎比正常死亡水平增加了1～4倍。循环系统疾病和呼吸系统疾病在1998年热浪期间几乎翻了一番。中风、心脏病和慢性肺病被普遍认为是与热有关的疾病。在上海热浪期间循环系统和呼吸系统疾病分别占全部超额死亡的 39.0% 和 15.8%。

（2）肿瘤这一仅次于循环系统疾病的第二大死因在热浪期间只稍微有所增加，超额死亡率为 32.1%，远低于伤害和中毒、精神失常、内分泌疾病、神经病和循环系统疾病、呼吸系统疾病等的超额死亡率。

（3）中暑是由持续热浪直接引起的疾病。在疾病分类中，中暑属于伤害和中毒这一类疾病。在 1998 年整个夏季，经统计总共有 475 例经医生诊断为中暑死亡病例，其中有 90.7% 发生在 8 月，73.7% 发生在热浪期间。而在 1997 年只有 4 例中暑死亡病例报道。

（4）对于其他类主要指不明原因的死亡、血液病以及怀孕、分娩和产后并发症死亡等，超额死亡也增加很快。

第5章 高温热浪的预测、预报与预警

近几年来随着人们对环境问题的关心和高温天气的频繁出现,高温也成为人们关注的热点之一。高温的季节预测、高温天气预报、高温热浪与人体健康预警逐渐成为日常预报服务中的一项重要任务。

5.1 高温季节预测

高温的季节预测通常是在高温季节来临之前,提前给出对于未来季节是否为高温多发的预测结果。高温季节预测的主要方法可以分成三类:定性概念模型、定量统计方法和定量数值模式方法。

5.1.1 定性概念模型

定性概念模型方法是根据经验和气候理论,仅仅定性估计未来是否是高温多发的季节,并不预测高温日出现的程度。

首先依据历史上高温季节出现的高温日数、极端高温值等确定哪些年份属于高温年,哪些年份属于非高温年。确定高温年后,再分析高温年与非高温年的前期特征,揭示高温年和非高温年前期异常征兆。实际预测时,如前期特征与高温年相似,则预测未来出现高温多。

常用的前期征兆分析有:

(1) 环流场特征分析。对划定的高温年和非高温年进行合成分析,分别计算前期(1—4月)500 hPa月平均高度场以及与多年平均高度场的距平值,得到各月高温年和非高温年的合成距平分布图。

(2) 海温场特征分析。对划定的高温年和非高温年进行合成分析,分别计算前期(1—4月)全球海温场,特别是热带太平洋月平均海温以及与多年平均海温的距平值,得到各月高温年和非高温年的合成距平分布图(见图5.1)。

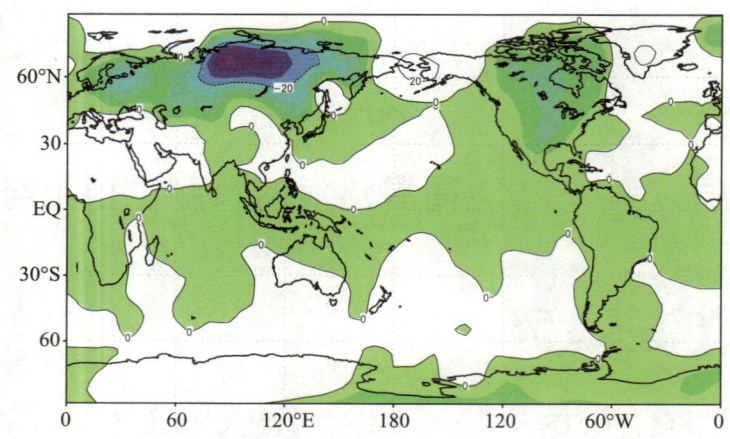

图 5.1 高温年 1 月全球地表（海表）温度距平合成图，阴影表示负距平区域（单位：0.1℃）

（3）亚洲季风特征分析。东亚冬季风环流系统低空由蒙古高压和阿留申低压、东亚大陆边缘的强北风组成。这些成员强度和位置以及配置的变化，都会影响季风区内的降水和气温场。夏季风与冬季风有一定的关联，弱冬季风多数对应弱夏季风。一般来说，对长江中下游而言，夏季风偏强的年份，高温过程多，强度大。4 月为季节转换期，亚洲夏季风爆发的最早信号是索马里向北越赤道气流的建立，用于分析高温年和非高温年亚洲夏季风爆发特征。

（4）OLR 特征分析。射出长波辐射 OLR（Outgoing Longwave Radiation）为卫星观测的地气系统向外长波辐射，物体温度高对应长波辐射大，物体温度低对应长波辐射小。热带 OLR 低值区一般对应大范围积云对流区（地/海面大部被积云覆盖，积云顶温度低），高值区一般对应大范围晴空区（热带地区以海面为主，海面温度一般较高）。对流区对应气流上升区，晴空区对应气流下沉区。即热带 OLR 低值区和高值区分别对应气流上升和下沉区，因而 OLR 低值区和高值区的空间分布及变化可较好地表征热带大气环流的异常。高温年 1 月 OLR 热带太平洋以正距平为主（见图 5.2）。

（5）气候特征分析。分析高温年和非高温年前期（1—4 月）气候特征，包括平均气温、极端高温、极端低温、冷空气过程、降水等。

5.1.2 定量统计方法

定量统计方法依据高温季节某区域出现的高温日数、站数、极端高温值等确定高温指数，用多元分析方法作定量统计。定量分析多点（区域）高温指数与可能因子场（500 hPa月平均高度场、全球海温场、海平面气压场等）关联。这是一元分析方法的推广，一元分析也可视为多元分析的特例。

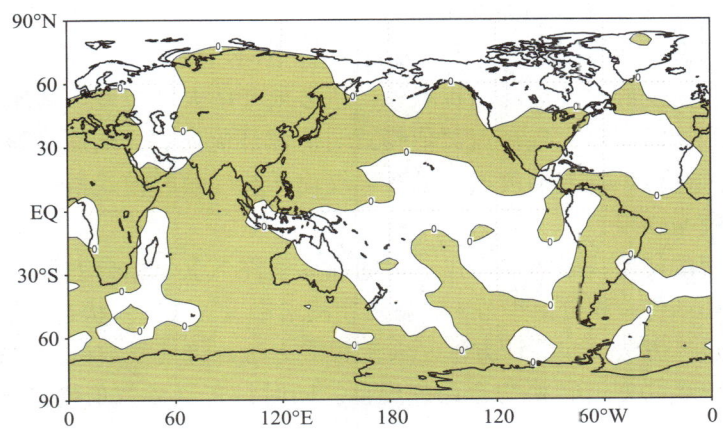

图 5.2　高温年1月OLR距平合成图（单位：W/m^2），阴影为负距平区域

首先，计算单点高温指数与可能因子的相关系数。相关系数可定量度量两者之间关系的密切程度。挑选相关系数较高的因子，组建预测方程。

在近代气候分析和预测中，其基本对象已由早期的单站要素时间序列分析逐渐向区域、半球，甚至全球要素场时间序列转变，为提取场与场间大尺度相互作用的主要耦合信号，进而利用前期场的主要变化特征预测未来高温指数的变化成为可能。

由区域高温指数与因子场的多元分析，可找到影响区域高温指数的主要物理因子，同时也能提取两个场相互作用的主要耦合信号。借助最优化技术，还可实现用这些主要信号对整个区域高温指数的客观预报。这种分析方法，考虑因子场对高温指数主要的影响关系，重点考虑大尺度变化，滤去小扰动，力图从因子场的大尺度变化对高温指数的变化进行客观、总体的描述。将当年因子场输入到所建立的预报方程，即可得到高温指数的预测。

另外，常用的时间序列分析方法来建立预报方程，主要有以下几种：

（1）时间序列自回归。将某年高温指数与前1—3年高温指数组建预测方程，依据前1—3年高温指数的自身变化，预测当年高温指数。

（2）方差分析。将高温指数时间序列进行一定的时间间隔分组，利用分组后的不同数据方差大小进行比较，确定可能存在的周期。最后将确定的周期外推并叠加，预测当年高温指数。

5.1.3 定量数值模式方法

定量数值模式方法通过数学物理原理，建立微分方程组来求解。天气、气候现象是地球大气运动的结果，它们受一定的物理、化学定律支配，这些定律可由微分方程组描述。与天气数值预报不同，气候数值预报除了要全面地考虑各种尺度的大气运动的贡献外，还必须考虑大气与地球其他圈层的相互作用，因而需要将大气环流数值模式与海洋环流模式、陆面过程模式、冰雪圈的模式甚至生物圈的模式，以及大气化学与气溶胶模式耦合在一起，进行气候研究与预报。

从一定的初始状态出发，在一定的边界条件下求出微分方程组的解，即由积分初始条件，积分至季节末，就可预测未来天气或气候状态。

用降尺度方法，如统计方法、人工智能方法，将气候数值预报得到的网格点预测位势高度值转换为台站气温值。同时订正气候数值模式预测误差、环流场预测气温误差。

依据高温指数与台站值气温的关系，组建预测方程组，预测高温指数。

5.2 高温天气预报

5.2.1 高温预报方法

高温天气预报通常指3天内的高温预报。目前在气象台站常用的高温预报方法有以下几种：经验预报法、统计预报方法、数值预报法和概念模型法等。

（1）经验预报方法。通过分析天气图上的天气系统，依据预报员的经验，判断高温天气是否出现。这种方法有一定的主观性。

（2）统计预报方法。通过长时间序列的高温个例资料，利用数学统计模型，进行统计相关分析，建立高温预报方程，依据方程作出高温天气预报。在一般日常温度预报中，这种方法效果好。但高温天气预报相对而言是一个小概率事件，所以应用统计预报对这种小概率事件的预报效果相对较差。

（3）数值预报方法。利用数值模式，通过对影响气候的各种物理量计算，作出高温的预报，这种方法较客观，但目前受各种条件限制，其预报结果存在着不稳定因素，常出现较大的振幅。随着计算机技术和气象探测手段的不断发展、大气科学和数学物理的不断进步、数值天气预报模式技术和对物理过程的描述不断改进和完善，数值预报水平得到不断提高。制作某一地区的高温天气预报，常采用多种数值预报产品，这样可为预报提供较客观的预报依据。如欧洲中心的地面和 500 hPa 的形势预报，从环流形势上为预报高温天气提供依据；日本的高、低空数值预报产品和诊断量为高温天气预报提供了较好的预报和诊断场；当地的中尺度数值预报，能够提供高时空分辨率的实时气象要素预报结果。可对气象要素场的时空分布和变化情况做出更精细的预报，能够刻画某地区中、小尺度天气特点和演变过程。

(4) 概念模型法。通过对历史上高温天气个例的普查和分析，从高温的成因入手，并结合前面的一些预报方法，归纳出高温天气出现的阈值，即预报指标，建立预报模型或预报流程。

5.2.2 高温预报流程

为了做出准确的高温预报，要从高温天气的成因入手。下面介绍几个典型地区针对高温天气特点制作的高温预报流程。

5.2.2.1 北京高温天气预报

北京高温天气的起因之一是由于青藏高原加热作用而在西北地区形成暖气团东移至北京上空形成的。暖气团的强度是北京能否出现高温天气的重要先决条件。当北京上空 850 hPa 的温度大于 20℃，暖气团中心强度大于 24℃时，北京可能会出现高温天气；当 850 hPa 的温度小于 20℃，北京基本不会出现 35℃ 以上的高温天气；太阳辐射增温作用是造成气温日变化的一个重要因素，也是高温天气所必须的条件之一。天空晴朗、日照条件好有利于地面的辐射增温，要达到这种条件，一般北京上空为西北气流，或西北偏西气流控制。从天气形势上分析，北京上空处在暖高压脊前部或相对较平直的气流中；出现高温天气时近地面大气层结一般都呈现干绝热状态，这种状态可以保证空中暖空气以最大效率达到地面。这种干绝热层结的形成往往在中低空伴有明显的下沉运动，下沉运动的增暖作用使低空层结表现为干绝热状态，同时下沉运动还可以使空中保持晴朗无云，有利于太阳辐射增温。北京出现高温天气时绝大多数情况，在北京附近有一个明显的下沉中心，即使没有下沉中心，北京也处在下沉运动区中。

通过以上分析，归纳出北京地区高温天气预报流程如下：

第一步是判别 500 hPa 天气图上北京上空是否是西北或偏西气流；

第二步是判别在地面天气图上北京附近是否有热低压存在，或北京处于高压前部，或冷锋过境等高温形势中；

第三步是判别在 24 小时内 850 hPa 天气图上是否有大于等于 20℃ 的暖气团或暖舌控制北京；

第四步是判别在 700 hPa 天气图上北京上空是否有下沉中心或处于下沉区内；

第五步是上面四个条件均满足，得到在 24 小时内北京将出现高温天气的结论。

5.2.2.2 长江中下游地区高温天气的预报

长江中下游地区的高温天气主要与西太平洋副热带高压有关。一般在长江中下游地区出现高温天气时，西太平洋副热带高压呈东西带状分布，脊线在 120°E 的纬度位置是在 28°～32°N，且稳定少动，它的强中心（≥5920 位势米）位于长江口，长江中下游地区受它西伸的高压脊控制。因此在高温预报中，主要是准确预报副热带高压的位置和移动。采用的方法是：利用数值预报产品，结合统计预报模型。高温天气的出现还与暖气团的活动有关。一般在 850 hPa 高空有大于 24℃ 的暖中心控制，对流层中层为下沉气流，天气晴好，在太阳辐射增温和下沉增温的共同作用下，地面气温迅速升高。另外，高温天气还与当地的风向、风速、云量及前一天的气温有密切关系。在高温天气出现时，风速一般为 0.1～4.0 m/s，最小为 0 m/s，最大为 5.0 m/s。风向一般为偏南、西南或偏西，有时为弱的东南风或无风。相对湿度一般为 41%～56%，最小 37%，最大 68%。总云量一般为 1～9，最少为 0，最多为 10；低云量一般为 1～5，最少为 0，最多为 6。这些要素的预报是高温天气预报的关键因素。

5.2.2.3 广西高温天气预报

根据对欧洲中心分析场格点资料的统计，结合老预报员的预报经验，总结出利用副高、热带气旋和西南暖低压这三个影响系统，是预报广西高温天气的关键指标。即（1）副高预报：副高在 20°～30°N，105°～120°E 之间，欧洲中心分析场格点资料 500 hPa 高度共有 12 个点，至少 9 个点≥588 dagpm（位势什米），其余的则要≥586 dagpm，（2）热带气旋：H25130、H25125、H25120、H20120 中至少有 1 站≤582 dagpm；（3）西南暖低压：P25105、P25110、P30105 有一站≤1000 hPa 或两站≤1003 hPa；（4）850 hPa 有暖中心配合：T25105＋T25110≥40℃ 或 T25105＋T25110＋T30110≥57℃。其中，H 为 500 hPa 高度场，单位：位势什米；P 为地面气压场，单位 hPa；T 为 850 hPa 温度，单位:℃；H、P、T 后的数字为欧洲中心分析场格点代码。

5.2.3 高温预报产品

高温预报产品一般有单站预报和区域预报两种，高温的单站预报一般以城市预报为主,预报某城市未来几天是否可能出现高温的情况,而高温的区域预报能反映高温的落区分布、高温范围的扩展和缩小。例如:图 5.3 给出的是 2006 年 8 月 19 日 20 时预报未来 24 小时的全国高温分布情况。从图上可以得到高温的分布范围。

图 5.3　2006 年 8 月 19 日 20 时全国高温预报

5.3　高温热浪与健康预警

高温热浪往往对人体健康产生不利影响,而降低因高温热浪导致不利影响的一项对策是进行高温热浪对人体的健康影响方式、程度、等级与对策的预警,而热浪与健康预警系统就是利用气象预报降低热浪对人类健康影响的预警系统,其组成部分一般包括:查明对人体健康不利影响的天气形势和气象要素,根据气象预报进行监测,当预报天气条件对健康不利时,如何降低或防止因炎热引起的疾病或死亡而应采取的公众卫生措施等。

5.3.1　高温热浪与健康预警系统概述

考虑到热浪对人体健康的影响各地有所不同,因而热浪与健康预警系统一般都建立在单个的城市,使用的方法也多种多样。一个行之有效的热浪健康预警系统由以下部分组成:(1)提供给相关人群充分可信的高温热浪天气预报(气象部分);(2)对热环境和健康的因果联系的充分理解(流行病学或生物气象部分);(3)预警系统可以预先提供有效响应措施(公共卫生部分);(4)有关部门必须能够提供所必要的基础设施(公共卫生部分)。

1995 年美国科学家卡克斯坦（L. S. Kalkstein）领导的科研小组首先在美国费城建立了非常有影响的热浪与健康监测预警系统。和其他方法不同，该系统基于天气学方法，分析过去的天气条件，查明那些最有可能引起超额死亡的天气类型。依据这一特性，就可以基于天气预报制作热浪预报。自从费城系统建立以后，许多城市对于建立类似的热浪与健康预警系统产生了极大的兴趣。卡克斯坦领导的国际生物气象学会（ISB）第六小组计划在全世界受高温热浪威胁的大城市推广该系统。过去 10 年基于气团分类的热浪预警系统得到了很好的推广，在美国的多个城市以及意大利 4 个城市、加拿大的多伦多和中国上海等地建立了相应的预警系统（表 5.1）。

表 5.1 基于气团分类的热浪预警系统的城市（引自 Sheridan and Kalkstein，2004）

年 份	城 市
1995	美国费城
1996	美国华盛顿
2000	意大利罗马
2001	中国上海
2001	美国俄亥俄州西南部辛辛那提、哥伦布、代顿
2001	加拿大多伦多
2002	美国凤凰城
2001—2002	美国西南部 12 个城市，包括新奥尔良、孟菲斯
2003	美国芝加哥和圣路易斯
2003	意大利都灵、米兰和博洛尼亚
2004	美国达拉斯、西雅图、尤马
2004	意大利巴勒莫

2003 年欧洲热浪以后，世界卫生组织（WHO，World Health Organization）对 WHO 欧洲区 45 个国家进行了调查，其中 15 个国家宣称它们已经有热浪与健康预警系统。调查发现，除了德国之外几乎所有的国家都使用简单的基于温度和（或）湿度的天气指标来预报天气对健康的影响。其中阿塞拜疆、白俄罗斯、捷克、希腊、拉脱维亚、马耳他、塞尔维亚和黑山及西班牙 8 个国家用简单的界限温度，罗马尼亚、前南斯拉夫马其顿共和国和土耳其 3 个国家使用温湿指数，具体见表 5.2。

法国经历了 2003 年热浪以后，开展了全法国 14 个城市的热浪与健康回顾分析，采用最高温度和最低温度分布 98％百分位数为界限温度，建立起了基于最高温度和最低温度为界限温度的热浪预警系统，由法国气象局、国家健康监测所（InVS）和卫生部合作完成的该系统于 2004 年 6 月 1 日开始启动。德国气象部门也于 2004 年开始在德国西南部建立了基于人体热量平衡模型的高温热浪预警系统。

表 5.2 欧洲国家热浪预警发布标准

方法类型	国家	发布热浪预警的标准
界限温度	阿塞拜疆	30%以上的地区超过 40℃或者有 1 个地区超过 42℃
	白俄罗斯	气温 35 ℃以上
	捷克	日最高气温 29 ℃中等热胁迫;日最高气温 33℃强热胁迫
	希腊	日最高气温≥38 ℃连续 3 天以上
	拉脱维亚	气温 33 ℃以上
	马耳他	日最高气温 40 ℃以上
	葡萄牙（里斯本区）	日最高气温 32 ℃以上
	塞尔维亚和黑山	最高气温 35 ℃以上，最低气温 20 ℃以上
温湿指数	罗马尼亚	温湿指数（ITU）≥80；ITU = T（°F）−（0.55−0.55×RH/100）* (T（°F）− 58)；RH：相对湿度
	土耳其	温度＞27℃且相对湿度＞40%
复杂指数	德国西南部	最大体感温度＞26 ℃

5.3.2 高温热浪与健康预警资料准备

建立高温热浪与健康预警系统一般需要气象资料、人体健康资料，有时还需要环境及人口学和其他社会经济方面的资料。

（1）气象资料

与热相关疾病有关的气象因子有气温、湿度、水汽压、风向、风速、气压、降水、云量等。还有与天数相关的因子，如大于某一温度或湿度阈限值的天数、大于某一百分率天气的天数、连续极端高温天气出现的频数、高温天气持续日数、高温天气在一年中的出现时间序数（如出现在夏季初期还是末期）等。研究也发现，与热相关疾病最相关的气象要素是干球温度，其次是湿球温度。但是用单一气象要素来关联则缺乏代表性，多数的研究中用多种气象要素的组合。

（2）健康资料

热浪对人体健康最直接的影响是导致发病率和死亡率的升高。一般在应用中使用三种类型的资料：患病率、入院人数或额外入院人数、死亡率或额外死亡数。在使用时又将这些资料按不同年龄段、不同性别、不同死亡原因（心血管疾病、脑血管疾病、呼吸系统疾病和其他疾病等）进行分类。

患病率可能是最明显的健康资料，由于热浪导致不适而患病也是与热浪相关的最直接的指标。患病率可以通过大医院的门诊人数、大医院的中暑和热衰竭确诊个例等获得，但是由于目前疾病登记和统计制度并不完善，这些资料在许多国家往往难以得到，即使个别医院可以获取也存在着样本数和代表性的问题。

入院人数也是较为明显的与健康相关的指标，因为人一旦有不适就会去医院。这种资料有两种，一种是门诊患者人数，另一种是住院人数。这种资料一般能从医院直接得到。但这种资料一般只能搜集到局部地区的，而对城市总的人数难以获取，尤其是多数城市有大量的私人诊所，这方面的资料更难以统计。可行的方法是统计当地有100个以上病床的大医院门诊患者的统计数据总和。

死亡率或超额死亡数可能是研究热浪与人体健康中使用最多的。这种资料更为标准化且具有可比性，较其他资料也容易获取。所以大多数研究中均采用死亡率或超额死亡数资料。死亡率资料中有的仅采用热相关死亡率，有的采用全人群死亡率。在实际研究中多采用超额死亡数。超额死亡数用实际死亡率减去预期死亡率来估计。然而在应用中又存在许多问题，不同国家的死亡率统计方法不同，必须用一种计算方法统一标准。

（3）环境资料

高温期间往往同时伴随着高浓度的臭氧、颗粒物等空气污染，因而，环境空气质量方面的资料有时候也往往应用到热浪与健康预警系统中来。

（4）人口学和其他社会经济资料

人口学资料包括：一般人口学特征资料（性别、年龄等）、人口普查资料等。其他社会经济资料则包括经济发展水平、生活水平（空调普及率、住房条件等）、受教育程度等。

5.3.3 高温热浪与健康预警方法

高温热浪与健康预警方法很多，概括起来有指标法、天气分类法、人体热量平衡法。

5.3.3.1 指标法

热指标被广泛应用于热浪的研究。热指标有单要素、二要素和多要素指标。单要素一般用最高气温高于某一温度（界限温度），如30℃、35℃或40℃等，或者高于某一温度以上连续多少小时或者多少天。而二要素指标最典型的就是考虑了气温和湿度的温湿指数，多要素指标则还要综合考虑对人体散热能力有关的风速或者太阳辐射的影响。

研究热浪使用最多的单要素指标是最高温度，当气温升高到某个临界温度，死亡数明显增加。不同地方的界限温度有很大差异，纬度低、气候炎热的地方，高温出现频繁，人群适应温热，要十分高的温度才引发死亡，即是临界温度高；相反，纬度高、气候寒冷的地方，高温出现稀少，人群不适应炎热，不太高的温度就可能成为威胁，即临界温度低。谭冠日等人发现广州和上海的"临界温度"取整数都是34℃，如计及小数，广州比上海的高了将近1℃，表明广州人对炎热的耐受能力比上海强。而北美由南到北几个城市的纬度及其临界温度也证明了上述规律。美国北纬约33°的达拉斯，常年炎热，气温要高到39℃才会引发死亡；北纬约35°的孟菲斯，临界温度降为37℃；纬度增高到北纬约39°的圣路易斯，临界温度进一步降为36℃；北纬约42°的芝加哥，临界温度只有33℃；纬度高达46°的加拿大的蒙特利尔，夏季凉爽，极少出现高温，一旦出现29℃的稍热天气，就有发生死亡的威胁。法国的纬度和我国的黑龙江省相当，冬暖夏凉，8月份北纬约49°的巴黎平均最高气温为23.8℃，比哈尔滨的26.1℃还低，到了最高温度接近或超过30℃，就会感到热得难受，而2003年8月3—14日这段热浪期间温度上升到35～38℃。日本、欧洲也有类似的报道，如日本学者Nakai分析了1968—1994年发生在日本的中暑死亡认为日本界限温度为日最高温度38℃，超过这一温度热死亡随着热日天数增加呈现指数增长。西班牙1986—1997年的研究表明界限温度为41℃，而这一温度和最高气温分布的95%百分位数非常吻合。

除了单要素的温度指标外，国内外还开发了许多组合指标，如美国的热指数（Heat index）、加拿大的humidex、Humiture、体感温度或显温、温湿指数或不适指数、相对气候指数、相对胁迫指数等。其中尤其以热指数使用最为广泛，美国国家天气局、加拿大、以色列等国家多使用热指数。这些组合指标也被广泛应用于热浪的研究。

以下列举几个典型的热指标。

(1) 湿度指数（humidex）

humidex是加拿大使用的用来衡量湿热环境中不舒适状况的热指标，此值越大越不舒适。humidex可以表示为：

$$\text{humidex} = T_a + h \tag{5.1}$$

式中：T_a为气温，$h = 0.5555 \times (e - 10.0)$，$e = 6.11 \times \exp(5417.7530)((1/273.16) - (1/T_d))$，$T_d$为露点温度。

例如：气温35℃，相对湿度90%，humidex=57℃

humidex指数分级可见表5.3，该指数适用于夏半年。

表5.3 基于humidex指数的舒适程度分级表

humidex范围	舒适程度
≤29	无不舒适
30～39	有些不舒适
40～45	很大程度不舒适，避免用力
45～54	危险
>54	中暑逼近

(2) 热指数（Heat Index）

美国国家天气局（National Weather Service）使用热指数来评价人在夏季的不舒适状况。由表5.4可根据温度和相对湿度查算热指数。

表5.4 不同的温度与相对湿度下的热指数对照表

相对湿度(%)	温度(℃)																
	32.2	32.8	33.3	33.9	34.4	35	35.5	36.1	36.7	37.2	37.8	38.3	38.9	39.4	40	40.5
90	48.3	50.5	53.3	55.5	58.3	60.5	63.3	66.7	69.4	72.8	75.5	78.9	82.2	85.5	89.4	92.8
85	46.1	48.3	50.5	52.8	55.5	57.8	60.5	62.8	65.5	68.3	71.7	74.4	77.8	81.1	84.4	87.8
80	44.4	46.1	48.3	50.5	52.8	55	57.2	60	62.6	65	67.8	70.5	73.3	76.1	79.4	82.8
75	42.8	44.4	46.1	48.3	50.0	52.2	54.4	56.7	58.9	61.7	63.9	66.7	68.9	71.7	74.4	77.2
70	41.1	42.8	44.4	46.1	47.8	50	51.7	53.9	56.1	58.3	60.5	62.8	65	67.8	70	72.8
65	39.4	41.1	42.4	43.9	45.5	47.2	49.4	51.1	52.8	55	57.2	59.4	61.7	63.9	66.1	68.3
60	37.8	39.4	40.5	42.2	43.9	45.5	46.7	48.9	50.5	52.2	53.9	56.1	57.8	60	62.2	64.4
55	36.7	37.8	39.4	40.5	41.7	43.3	45	461	47.8	49.4	51.1	52.8	55	56.7	58.3	60.5
50	35.5	36.7	37.8	38.9	40	41.7	42.8	44.4	45.5	47.2	48.3	50	51.7	53.3	55	57.2
45	34.4	35.5	36.7	37.8	38.9	40	41.1	42.2	43.3	45	46.1	47.8	48.9	50.5	52.2	53.9
40	33.3	34.4	35.5	36.1	37.2	38.3	39.4	40.5	41.7	42.8	43.9	45	46.7	47.8	49.4	50.5
35	32.8	33.3	34.4	35.0	36.1	36.7	37.8	38.9	40	41.1	41.7	42.8	44.4	45.5	46.7	47.8
30	31.7	32.2	33.3	33.9	35	35.5	36.7	37.2	38.3	38.9	40	41.1	42.2	43.3	44.4	45.5

热指数的分级标准如表 5.5 所示。

表 5.5 基于热指数的舒适等级标准

热指数	热病（高危群体可能发生的热病）
54℃以上	连续暴晒极易中暑
41～54℃	易发生中暑、热痉挛或热疲劳，较长时间暴晒和/或从事体力活动容易中暑
32～41℃	可能发生中暑、热痉挛或热疲劳，较长时间暴晒和/或从事体力活动可能中暑
27～32℃	较长时间暴晒和/或从事体力活动容易疲劳

5.3.3.2 天气气候分类方法

由于天气对人体健康的影响是综合性的，使用单一的气象要素或温度湿度来评价是远远不够的，因此提出了天气气候分类方法。主要有两种方法：

（1）时间天气指标

时间天气指标（TSI，Temporal Synoptic Index）是美国特拉华大学卡克斯坦（L. S. Kalkstein）早期开发的用于热浪与健康监测预警的方法，费城热浪与健康预警系统就是基于 TSI 方法。1995 年夏天费城建立了热浪与健康的监测预警系统，该系统基于天气气候方法，识别与人类死亡率有关的"侵入型"气团，利用 MOS 预报结果可以提前 48 小时预报是否有这种气团出现。

资料要求单站逐日 4 时次（02 时、08 时、14 时、20 时）的气象观测资料，包括（气温、露点温度、总云量、海平面气压、风速、风向）气象资料和死亡率资料。利用主成分分析（PCA）逐日四个时次的气温、露点温度、总云量、海平面气压、风速、风向等 24 个变量数据矩阵改写为一组新的线性独立的综合性向量，用以代表原来的要素信息，通过和新构成向量之间的相关性的向量荷载，向量值是由每天气象观测及其主成分荷载的权重和，于是每一天的类型可由其特定的向量值表示，因此具有相同气象条件的日子将具有基本接近的向量值。

接下来，一个聚类程序把那些具有相似向量值的日子归并为代表相似气团类型的一类（组）。聚类方法有很多种，用于开发天气气候指标的一种有效的聚类分析方法是平均联合方法。一旦确定了气团类别，那么在每一类别内有许多天的 24 个气象变量就确定该气团类型的平均气象特征。天气图也用于描述气团类型的总体特征和相似性。

利用日平均死亡率，还有其标准差，确定在某种特定天气类型下是否具有非常高或者异常的死亡率。也考虑到了天气对死亡率影响潜在的滞后时间，系统考虑了死亡日期的天气种类以及死亡日期前一天、前二天和前三天的天气种类。对死亡数据从高到低进行排序，由此来确定在费城死亡率高或者死亡率低的日子分别对应哪一种天气类型。对许多城市很明显有一两种热气团比其他的气团对应于相对高的死亡率。在费城这种气团定义为攻击性的热带海洋性气团，这种气团是费城夏季最热的气团，它的一个显著特点就是露点温度高、西南风、多云天气。当出现这种气团类型时，平均死亡率最高，并且热浪对死亡率的影响没有滞后。这种热带海洋性气团造成日平均死亡率高于平均值，但是并不是这种气团控制下的所有日子都有高的死亡率，在这种气团下日死亡率的标准差也明显偏高（表略）。因此，不仅需要确定是否是攻击性的气团，还必须确定这种气团下哪些日子死亡率会增高。利用标准逐步回归分析，可以确定哪些因素导致死亡率的增加。在费城攻击性气团控制下导致死亡率增加的因素包括：连续出现该气团的天数，最高气温，季节中的日序（如，攻击性气团出现在夏季的初期或者末期），应用统计模式可以估算任何假定日子的死亡率。

（2）空间气团分类方法

空间气团分类方法（SSC，Spatial Synoptical Classification）和许多其他的气团分类方法不一样，着眼于气团的气象要素以及变化特征而非气团的地理发源地，它仅仅考虑地面气象条件，而忽略气压形势、锋面及高空气流状况等。SSC确定的主要气团类型及其典型的气象特征见表5.6。

表 5.6　气团类型及其主要特征

气团类型	代码	主要特征
极地干	DP	大陆极地气团，最冷、最干，北风，天空少云或无云，源自西伯利亚的冷高压平流输送
温带干	DM	温和、干燥，无传统意义上的源地
热带干	DT	最干、最热，晴空
极地湿	MP	冷，多云，湿，少量降水
温带湿	MM	比MP要暖、湿一点，多云；或者MP变性；暖锋
热带湿	MT	最热最湿，气团源自热带太平洋，冬季多云、夏季少云，对流雨比较普遍
过渡类型	TR	处于两种天气类型过渡状态

为了能够把历史上或者未来的某一天归并为表5.6中的某一气团类型，SSC关键的工作就是从历史资料中挑选每种气团类型的种子日，即代表某一气团类型的具有典型气象特征的日子。种子日选择经过以下几步：

a 选择气象变量（4个时次的温度、温度露点差，日平均云量，日平均海平面气压，温度日较差及露点日较差等12个变量）；

b 量化典型气象特征，寻找不同的气团类型在不同月份各气象要素的变化范围；

c 利用判别函数进行判别分析；

d 翻阅天气图确认所选择的日子对于某种特定的气团具有代表性；

e 如果种子日没有代表性，则修改标准，重复上述各步，直至选出为止。

一旦选择好了特定天气类型的种子日，系统通过判别函数分析把历史上或未来的某一天与各天气类型的种子日进行相似性比较，判断某日气象特征与哪个天气类型的种子日最为相似，就将该日归并为此天气类型，由此可以形成天气类型日历。

SSC 划分的六种天气气候类型中热带干（dry tropical）和热带湿（moist tropical）两种类型与热相关的死亡率存在着极大的相关。由于这两种类型的天气在中纬度的夏季比较普遍，研究中在这两种类型下面又划分出子类型。DT＋和 MT＋：划分依据是早上和下午的热指数值均高于当地此类型天气（DT 和 MT）的热指数值的平均值。

根据 1989—2005 年上海徐家汇逐日气象资料，计算出各年逐日天气类型日历。分析在不同气团类型下的人群超额死亡率情况如表 5.7 所示。

表 5.7　上海夏季高死亡日各天气类型出现的天数和频率（1989—2005 年）

热浪等级实况	DM	DP	DT	MM	MP	MT	TR	MT＋	总计
非 热 浪	40	1		426		513	56	213	1249
可能热浪				2		25	4	39	70
轻度热浪	1					23	5	72	100
中度热浪						1	2	32	35
严重热浪							1	17	18
总 计	41	1		428		562	68	373	1472
热浪日占该气团类型比例（％）	2.5	0		0.5		8.7	17.6	42.9	—

由表 5.7 可以看出，1989—2005 年出现的 18 天严重热浪，17 天属于 MT＋气团类型，1 天属于 TR 类型；出现的 35 天中度热浪，MT＋气团类型有 32 天（占了 91.4％），MT 和 TR 类型分别有 1 天（2.9％）和 2 天（5.7％）。出现轻度热浪有 100 天，MT＋气团类型 72 天，占了相对多的频率（72.0％），MT 气团类型次之 23 天（23.0％），TR 类型有 5 天（5％）。而在可能出现热浪 70 天中，MT＋仍然占据绝对多数 39 天（55.7％），MT、MM 和 TR 这三种气团类型分别有 25 天（占 35.7％）、2 天（占 2.9％）、4 天（占 5.7％）。可见 MT＋气团类型与死亡数升高具有非常密切的关系。

考察各类天气气候类型下的超额死亡率，通过相关分析，来预报此种类型天气出现时会发生的额外死亡率。有时还可进一步通过逐步回归方法找出影响超额死亡的主要要素,通过建立回归方程来预测超额死亡率。例如上海市的热浪预警系统经过逐步回归分析发现,超额死亡数与当日的日平均热指数以及连续出现 MT＋的日数关系最为密切,于是得到因受热浪侵袭而超正常死亡数的回归方程为:

$$ED = -430.8 + (15.65 DIR5) + (11.71 Tav, app) \quad (5.2)$$
$$(n=174, S=68, r=0.51)$$

其中:ED 为由于热浪引起的超额死亡数,DIR5 为出现 MT＋天气类型的日数(不大于 5,如第 1 天出现 MT＋为 1,第 2 天出现 MT＋为 2,第 5 天及 5 天以上为 5),Tav, app 为 02:00,08:00,14:00,20:00 四个时次的平均热指数。建立此回归方程的样本数为 174,复相关系数 0.51,通过信度为 0.01 的 F 检验。

5.3.3.3 人体热量平衡方法

通过计算人体与周围环境的热量平衡模型(如德国研制的"Klima-Michel"模型),由该模型可以推导出的综合热评价指标(如 PMV、PET 指数)。欧洲气候变化和人类健康适应性对策项目(Climate Change and Adaptation Strategies for Human Health project,cCASHh)选择了伦敦、巴黎、里斯本、德国西南部和布达佩斯等城市,分析了这些城市和地区在不同的热胁迫环境下死亡率的差异。根据不同地区不同的热胁迫状况可以进行高温热浪与健康预警。德国气象部门于 2004 年开始在德国西南部建立了热浪预警系统。

5.3.4 典型高温热浪与健康预警系统

5.3.4.1 费城热浪与健康预警系统

费城热浪与健康预警系统基于时间天气指标(TSI)方法。费城 1995 年夏季(6月1日—8月31日)是历史上最热的一个夏季,日平均最高温度接近 32℃(90℉),7月份温度 32℃以上的天数 22 天,月平均最低温度 22.5℃(72.5℉),费城热浪与健康预警系统 1995 年 7 月 12 日安装,一直运行到 1995 年 9 月 21 日,在这期间攻击性天气类型共出现 16 天,极大部分集中在 7 月 13 日—8 月 14 日期间,两次最严重的热浪是 7 月 13—15 日和 8 月 2—5 日。费城医疗部门公布 1995 年与热浪有关的死亡 72 例,其中 32 例发生在这两次热浪期间。

在这期间预报有攻击性气团的 16 天中有 15 天模式计算出有超额死亡,因此建议气象部门和费城公共卫生部门在这 15 天发布健康预警。在绝大多数个例中，系统预测的热浪致死数目与实况是吻合的，可是对夏季末估计值过高。实际上系统建议发布的预警，费城公共卫生部门并没有每天发布。系统有 15 天建议要发布警报，但实际上只发布了 9 天，真正发布预警要与气象部门意见一致，有 6 天就是因为与气象部门的意见不一致，所以在这些天只发布健康预告，值得注意的是在这些只发预告的日子，因热浪致死的数目也是相当多的。

5.3.4.2 上海热浪与健康预警系统

上海热浪与健康预警系统一开始引进美国特阿华大学研发的基于 SSC 气团分类方法。后来经过几年的改进和完善，目前提出一种基于相对滑动界限温度的方法。最高温度的相对界限温度（记为：ReT_{max}）有两部分组成：即考虑了长期适应性的阈值（Long-term Threshold，简称 LT_{max}）和考虑了季节内短期适应性的阈值（Short-term Threshold，简称 ST_{max}）。可以用下式表示：

$$ReT_{max} = 2/3 \times LT_{max} + 1/3 \times ST_{max} \tag{5.3}$$

其中，长期适应性的阈值（LT_{max}）采用某日期近 30 年最高温度的 95% 百分位数来表示，短期适应性的阈值（ST_{max}）采用某日前 30 日的最高温度的后向高斯滤波（Gaussian Filter）权重系数进行加权。高斯滤波权重系数见图 5.4。

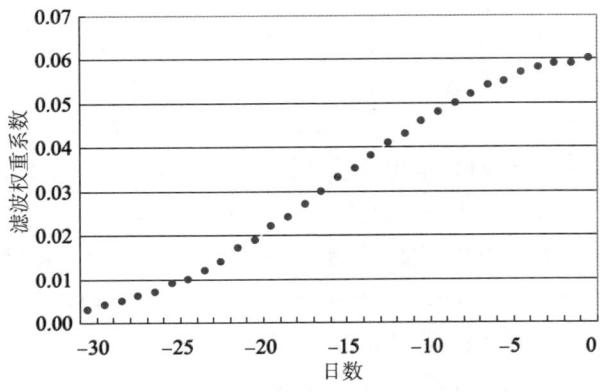

图 5.4　前 30 日高斯滤波权重系数

以上海 2003 年夏季为例，可以给出相对界限温度和绝对界限温度的差异（见图 5.5）。可以看出，在 7 月中下旬这一时段，相对界限温度阈值明显高于绝对界限温度阈值；而在 6 月底和 9 月上旬，则相对界限温度阈值低于绝对界限温度阈值。采用当日最高温度和相对界限温度阈值的差值（dT_{max_i}）来表示当日天气对人体的热胁迫的大小，$dT_{max_i} > 0$ 表示可能导致超额死亡的产生，

反之 $dT_{max_i} < 0$ 则表示没有超过界限阈值，对人体健康影响不大，表达式如下：

$$dT_{max_i} = T_{max_i} - ReT_{max_i} \tag{5.4}$$

热浪期间中暑等热相关疾病在热胁迫下有时并不是立即加重或者出现死亡的，存在一定的时间间隔，即超额死亡会有滞后和累积效应，通过计算有效累积温度（即最高温度超过界限阈值的累积程度，CdT_{max}）来表征热浪攻击力的累加效应。若 $dT_{max_i} > 0$，则计算其有效累计温度（$CdT_{max_i} = \sum dT_{max_i}$），若 $dT_{max_i} < 0$，则 $CdT_{max_i} = 1/2 \times CdT_{max_{i-1}}$，直至 CdT_{max} 等于 0。

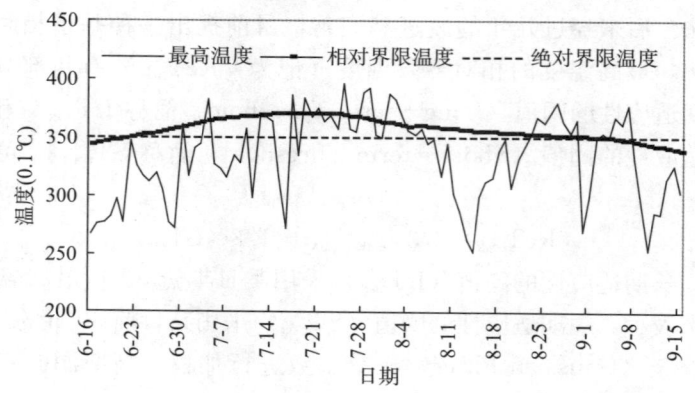

图 5.5 相对界限温度和绝对界限温度季节内差异示意图（上海，2003）

挑选 1989—2005 年（1999 年 35℃ 以上高温只有 1 天，没有考虑）当日有效累计温度（CdT_{max}）大于当日 dT_{max} 的日子作为样本日，以超额死亡率作为逐步回归分析中的应变量，考虑了当日和前一日最高温度（T_{max}）、当日和前一天的最高温度和相对界限温度阈值的差值（dT_{max}）、当日和前一日有效累积温度（CdT_{max}）、年序（1989 年为 1，1990 年为 2，以此类推）、日序（6 月 16 日为 1，6 月 17 日为 2，以此类推）等变量为应变量。经过逐步回归分析发现，超额死亡率与当日的逐日最高温度和有效累计温度关系最为密切，于是得到因受热浪侵袭而超正常死亡率的回归方程为：

$$EM = 1209.8 - 1.347NX + 0.20\,RX - 71.13T_{max}$$
$$+ 1.053T_{max}^2 + 0.158CdT_{max}^2 \tag{5.5}$$

其中：EM 为由于热浪引起的超额死亡率，Tmax 为当日最高温度（℃），CdT_{max} 为有效累计温度（℃），NX 为年序，RX 为日序。建立此回归方程的样本数为 309 例，复相关系数 0.7754，通过信度为 0.001 的 F 检验。

根据逐日最高温度预报和以上方法可以进行热浪与健康的监测预警。

5.3.4.3 我国的中暑气象等级预报

由于高温中暑的历史病例资料欠缺,尚无法利用统计分析方法对高温中暑与气象的关系进行研究。因此,中国气象局推荐目前以指标判别法开展高温中暑气象等级预报,主要技术思路为:确定引发人体高温中暑的主要气象指标,对该指标进行分级处理,以提示气象条件对人体中暑的潜在影响;根据指标的不同级别及其持续时间,判定不同的高温中暑气象等级。

(1) 高温中暑气象等级预报指标的选取

为反映高温高湿对人体的共同影响,使用炎热指数作为衡量气象条件对人体高温中暑影响的判别指标。

炎热指数的计算公式为:

$$TI = 1.8 \times T_{max} - 0.55 \times (1 - RH \times 10^{-2}) \times (1.8 \times T_{max} - 26) + 32 \tag{5.6}$$

式中,T_{max} 为日极端最高气温,RH 为日平均相对湿度。

(2) 炎热等级的划分和确定

根据炎热指数的不同量值并结合当日的极端最高气温将炎热等级划分为四个级别(表 5.8),分别是热、很热、炎热和酷热四种炎热等级。根据气温和湿度的预报结果,计算炎热指数,并结合当日的极端最高气温确定相应的炎热等级。

表 5.8 炎热等级划分表

级 别	分级标准
热	TI<TI92 百分位且 34℃<T_{max}≤35℃ 或 TI≥TI92 百分位且 33℃<T_{max}≤34℃
很热	TI<TI87 百分位且 35℃<T_{max}≤37℃ 或 TI87 百分位≤TI<TI92 百分位且 35℃<T_{max}≤36℃ 或 TI92 百分位≤TI<TI96 百分位且 34℃<T_{max}≤36℃ 或 TI≥TI96 百分位且 34℃<T_{max}≤35℃
炎热	TI<TI87 百分位且 37℃<T_{max}≤39℃ 或 TI87 百分位≤TI<TI96 百分位且 36℃<T_{max}≤39℃ 或 TI≥TI96 百分位且 35℃<T_{max}≤38℃
酷热	TI<TI96 百分位且 T_{max}>39℃ 或 TI≥TI96 百分位且 T_{max}>38℃

注:TI87 百分位、TI92 百分位、TI96 百分位分别表示 TI 的 87%、92%、96%。

(3) 高温中暑气象等级的预报

考虑炎热等级的持续时间,根据各炎热等级持续天数的多少确定高温中暑气象等级。高温中暑气象等级的分级标准如表 5.9 所示。

表 5.9　高温中暑气象等级划分表

炎热等级 \ 持续时间	1 天	2 天	3 天	4 天及以上
热	——	可能发生中暑	可能发生中暑	较易发生中暑
很热	可能发生中暑	可能发生中暑	较易发生中暑	易发生中暑
炎热	较易发生中暑	较易发生中暑	易发生中暑	极易发生中暑
酷热	易发生中暑	易发生中暑	极易发生中暑	极易发生中暑

（4）预报用语

对高温中暑气象等级预报，预报提示见表 5.10。

表 5.10　高温中暑气象等级描述

等级	提示用语
可能发生中暑	气温较高，可能导致中暑，请注意防暑降温，尽量减少午后或气温较高时长时间在露天环境中活动
较易发生中暑	高温天气，较易发生中暑，请注意防暑降温，减少午后或气温较高时在日光下暴晒及在露天环境中活动
易发生中暑	高温炎热天气，容易发生中暑，请注意采取防暑降温措施，尽量避免午后或高温时段在日光下暴晒及在露天环境中活动
极易发生中暑	极度酷热天气，极易发生中暑，请采取积极有效的防暑降温措施，避免在日光下暴晒，避免高温时段或高温环境中的户外活动

（5）产品示例

高温中暑气象条件预报的产品有表格类和图形类两种：

表格类产品：

城市	高温中暑气象等级	提示用语
北京	较易发生中暑	高温天气，较易发生中暑，请注意防暑降温，减少午后或气温较高时在日光下暴晒及在露天环境中活动。
上海	可能发生中暑	气温较高，可能导致中暑，请注意防暑降温，尽量减少午后或气温较高时长时间在露天环境中活动。

图形类产品：

中央气象台与中国疾病预防控制中心
联合发布高温中暑气象等级预报

预计今天晚上到明天，四川东部、重庆、湖北南部、安徽西南部、浙江中南部、贵州东部、湖南、江西、福建、华南大部及新疆南疆盆地等地天气炎热，易发生中暑，其中，南疆盆地、重庆中部、四川东部、湖南东南部、江西南部、福建大部、广西北部以及广东北部等地的部分地区天气酷热，极易发生中暑，请上述地区有关单位和人员采取积极有效的防暑降温措施，避免在日光下暴晒，避免高温时段或高温环境中的户外活动。

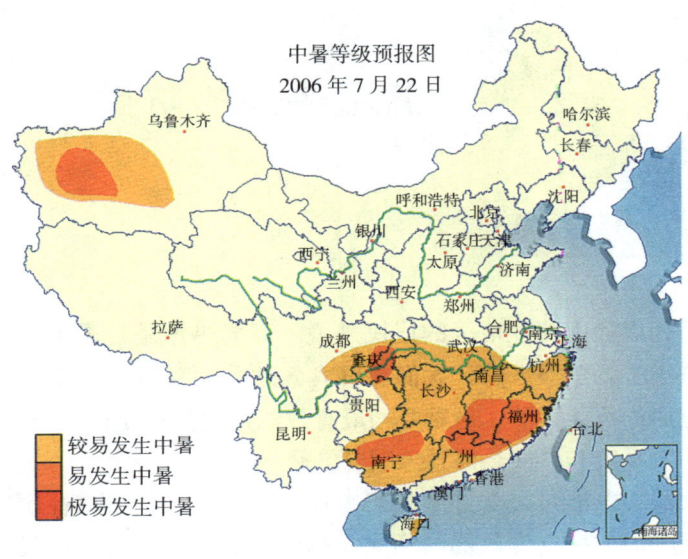

（6）发布途径

高温中暑气象等级预报：在中央、省市县电视台天气预报节目和气象频道中播出。

高温中暑事件的公布：在高温气象条件已经引起重大以上级别中暑事件时，卫生部以新闻发布的形式或通过报纸进行公布。

高温中暑事件预警：按《高温中暑事件卫生应急预案》组织实施。

互联网：官方网站。

第6章 高温热浪的防御

对于低纬度和中纬度地区的居民来说，高温热浪是夏季不可避免的一种气象灾害，热浪来临，人们能够有效地采用各种适应措施来大大地减少热浪对健康的可能影响。最重要和最有效的措施是健全公共卫生基础设施、完善热浪预警系统和落实热浪紧急响应策略。

适应和减轻热浪对人类健康的影响可以在个人、集体或社团以及政府等不同层次上开展。一旦气象部门预测有热浪来临，社会各部门及公众可以通过电台、电视台、报纸等媒体，能够及时得到热浪警报；公共卫生部门本身及媒体可增加有关热浪知识的宣传教育，宣传如何防御热浪、避免因此而致病，特别是对易受热浪侵袭的危险人群加强宣传和服务工作；医院、社区服务做好充足准备；供电、供水部门保证热浪警报期间足够的电力和水源供应；提醒居民热浪来临时应尽可能打开空调或到凉爽环境下避暑等，尽量减少因受热浪影响致病致死的人数。以下从个人防御、应急体系和缓解措施三个方面来介绍一下高温热浪的防御问题。

6.1 高温热浪的个人防御

6.1.1 高温适应和耐热锻炼

夏天的气候标准是日平均气温稳定超过22℃。依据这个标准，我国大部分地区从5月开始就进入夏季，在盛夏酷暑的日子里，高温环境对人体是个严峻的考验。在南亚一些国家，每年至少都有数百人死于盛夏热浪的袭击。但同样是面对热浪，为什么有些人受到的影响较小呢？究其原因，主要是人的热耐受能力不同。

人体对不同温度的反应不同（表6.1），而提高耐热能力重在耐热锻炼，许多实验证实，人体的热耐受能力与热应激蛋白有关，而这种热应激蛋白合成的增加，与受热程度和受热时间有关。经常处于高温环境中，热应蛋白的合成增加，使人体的热耐受力增强；以后再进入高温环境中，人体细胞的受损程度就会明显减轻。进一步的研究还揭示，获得或提高热耐受能力的最佳方法是进行耐热锻炼，即在逐渐升高的气温下进行锻炼，以达到适应更高温度环境的目的。而初夏这一时段，日平均气温的变化正好符合"逐渐升高"的特点，所以是进行耐热锻炼的最好时机。经过耐热锻炼，使得人体能自然适应即将到来的炎热的夏季。

表 6.1　人体对不同温度的反应

温度	人体反应
30℃	人体感到凉热适中，是最舒服不过了
33℃	在这样的温度下连续工作两三个小时，作为人体"空调"的汗腺就开始启动，将通过微微出汗散发所蓄积的体温
35℃	浅静脉扩张，皮肤微微出汗，心跳加快，血液循环加速。对于个别年老体弱散热不良者来说，则需要配合局部降温
36℃	人体通过蒸发汗液散热进行"自我冷却"，出现一级报警。人体需要及时补充含盐、维生素及矿物质的饮料，以防电解质出现紊乱现象
38℃	多脏器将参与降温，拉响二级警报。人体通过汗腺排汗已难以保持正常体温，肺部会急促"喘气"呼出热量，心跳速度随之加快，输出比平时多60%的血液至体表，参与散热。此时，各种降温措施、心脏药物保健及治疗等务必到位
39℃	汗腺濒临衰竭，拉响三级警报。尽管汗腺疲于奔命地工作，但可能会无能为力，很容易出现心脏病猝发的危险
40℃	此时大脑将顾此失彼，四级警报紧紧拉响。这样的高温已经直逼生命中枢，以致头昏眼花、站不稳。人必须要立即转至阴凉地方或借助较好的降温措施进行降温
41℃	是严重危及生命的温度。此时，排汗、呼吸、血液循环等一切能参与降温的器官，在开足马力后已经处于强弩之末的状态。特别是对于体弱多病的老年人来说，更要高度注意

初夏耐热锻炼办法

每天抽出 1 小时左右进行室外活动，可根据天气情况，选择气温在 25 度左右、湿度在 70% 以下的环境，进行散步、跑步、体操、拳术等锻炼项目，每次锻炼都要达到发汗的目的，以提高机体的散热功能。但也不可过分，尤其当气温高于 28℃，湿度高于 75% 时，要减轻运动量，以防中暑。

同时，在这一时段内，要尽可能地不用电风扇、空调（梅雨或湿度较大时，可用空调抽湿），使得室内温度经常保持在 22℃ 以上，湿度保持在 60% 左右。经过初夏一个多月的耐热锻炼，盛夏来临之时，即使室内气温在 28~31℃，室外气温在 36~39℃ 以上，人体也不会感觉太热。

对人体来说，高温适应有两种类型：短期内高温暴晒或运动训练后，出汗量便增大，进而获得耐高温性，称此种适应类型叫短期高温适应。与此相对应的另一种类型是长期高温适应，即发汗量少，见于在高温环境下生存的热带居民。在一天内，进行1~2小时的高温暴晒，连续进行几天，二周之内就可以完成短期高温适应。一般来说，其效果第二天就会显现出来。如停止高温暴晒，适应效果在一周或一个月之内就会消失（脱离适应）。

6.1.2 热浪期间的应对措施

高温季节要做好保健工作，合理安排衣食住行，保持乐观向上的情绪，养成良好的作息习惯，将热浪带来的危害减少到最低程度。当然，最重要的是居民应加强防范意识，在酷暑季节里，保持平稳心态，保证充足的睡眠，拥有强健的体魄，是避免高温热浪的最佳良药！

（1）放慢速度：避免费力的活动，减少、取消或者重新安排费力的活动；高危人群应该待在凉爽的地方；保证足够的休息以利于你自身"天然冷却系统"的工作；如果你非得干费劲的活儿，最好放在一天中最凉快的时候（一般来说早晨4:00—7:00）。

（2）避免过多太阳光照射：日灼降低了皮肤本身的冷却能力，太阳还会加热身体内部导致脱水。使用SPF值高的防晒霜。

（3）推迟室外比赛和运动：酷热会威胁到参加室外比赛和运动的运动员、工作人员和观众的健康。

（4）避免剧烈的温度变化：刚从热的环境中出来就立即洗冷水澡会导致低体温，尤其对老人和儿童。

（5）尽可能待在室内：如果没有空调可以待在最底层，远离日光照射。即使最热天气，待在家里远离阳光也比长时间暴露在阳光下安全得多。

（6）把热挡在室外冷却室内空气：关闭所有可以使热量进入室内的通道，安装临时反光镜如在窗户、天窗上用铝箔铺在薄纸板上反射热量。

（7）保持凉爽节约用电：在热浪期间，人们都开空调用电紧张，在保持凉爽的前提下节约用电可以避免停电。在空调频繁使用时空调的过滤网会充满灰尘而变得阻塞，影响效率，最好一周就用吸尘器打扫一次。如果你家里没有空调每天可以花几个小时到有空调的公共场所，热浪期间空调是最佳的降温设备，因为电扇不能冷却空气，电扇只能通过帮助汗液蒸发达到冷却效果。

（8）适当的衣着：穿宽松、质地轻、颜色浅的衣服尽可能地覆盖皮肤。质地轻、颜色浅的衣服可以反射热浪和太阳光帮助保持正常体温。尽可能覆盖皮肤避免日灼。戴有帽檐宽的帽子保护脸和头，帽子可以直接挡住照到脸和头上的太阳光。

（9）多喝流质：就是不渴也要喝，脱水会很快不被注意地导致伤害和死亡。脱水的症状经常和其他疾病相混淆，癫痫、心脏病、肾病、肝病患者和流质节食者或有流质潴留问题者在增加流质摄入前应该征询医生的意见。如果你必须在室外工作要频繁间断。到凉爽的地方休息片刻，或者喝点饮料可以使人更加耐热一点。不要喝酒或含咖啡因的饮料，它们会让你短时间感觉很好，但你体内的热效应更糟，尤其是啤酒，过量使用会导致人体脱水。

（10）少吃多餐：吃得太多不容易消化并且增加体内消化的热量，破坏平衡。避免吃高蛋白的食物如肉、坚果。

（11）避免用盐片除非医生许可。

（12）热浪期间大家团结互助，相互间多关心和帮助。

6.1.3　高温相关疾病的自我救助和防范

中暑是夏季热浪期间的高发疾病，热浪还能引起其他相关疾病，而老人、孩子、肥胖者、有慢性病的体弱者以及户外活动者，是发病的高危人群。因此，热浪期间应该注意防病健体，应该学会高温中暑和相关疾病的自我救助和重点防范。

（1）防心衰

出现持续高温天气是诱发心力衰竭的高危因素。以下几种人最容易诱发心力衰竭：以往已发生过心脏病猝发的人，冠心病、心肌炎等心脏有损害的人、高血压患者、肺气肿合并肺心病者、先天性心脏病、风湿性心脏病等伴有心功能不全者。这些人群更须注意去除对心脏不利的因素，如戒烟酒，低脂饮食，适量多饮水，避免劳累，防止情绪波动，把血压控制在基本正常范围内，热天少外出。

（2）防中暑

预防中暑的最佳措施就是尽量避免在高温情况下出行，特别是在气温高和日晒最强烈的午后时间。另外一点就是要多喝水。多喝一些糖盐水，或是凉的淡盐水，补充因大量出汗而使人体丢失的盐分。如果实在太热，也不妨在家中准备一些避暑药物和自制的清凉饮料，像十滴水、藿香正气或是加点盐的绿豆汤等。如果出现头晕、头痛、心慌或口渴等中暑的先兆反应时，服些药物、喝点饮料，自然可以缓解中暑症状。慢性病患者、老年人和婴幼儿都不宜在烈日下活动。他们的最佳活动时间应选在清晨或傍晚时分。爱喝含糖饮料的朋友，千万不要因为天热口渴就玩命喝饮料。高温天气，饮用含糖饮料解渴一定要适量而止。

（3）防暴晒

在烈日下活动或停留时间过长后，皮肤晒得又红又痛，会出现发烧、头痛症状，这时候应及时返回室内阴凉的地方，注意水分的补充。要注意在外出时做好防护工作：涂抹防晒霜，带上遮阳帽，带把遮阳伞。长时间在烈日下活动最好穿上长袖衣衫，避免直晒。

（4）防热痉挛

在高温环境中，身体大量出汗，引起腿部甚至四肢及全身肌肉痉挛，肚子疼痛，全身汗流不停。此时可以在痉挛部位稍加按摩，如果没有出现呕吐现象，则可补充水分。

（5）防热衰竭

热衰竭时，汗流不停，但是身体发热、皮肤发黏、脸色苍白、脉搏微弱。此时应赶快把病人抬到阴凉处，松开衣服，用冰毛巾敷。如果没有呕吐，可以补充水分。最好能够早点就医，让医生检查诊断。

（6）防热中风

遇到热中风，首先要补充水分，中、老年人要做到"不渴时也常喝水"；其次，有过中风史的病人，家属要时时观察病人的症状，一般来说，头昏、头痛，半身麻木酸软无力，频频打哈欠都是中风前的预兆。

6.2 高温热浪应急体系

为及时有效地预防和处置由高温气象条件引发的健康问题，有必要建立相应的高温热浪应急体系，实现部门联动，分级响应。卫生行政部门和气象行政主管机构建立联合预报和预警机制，一旦发现高温中暑气象条件或高温中暑事件的苗头，及时向社会公众发布高温气象条件预报或高温中暑事件预警信息，并提出防控建议。

6.2.1 高温预警信号和高温中暑气象条件等级预报的发布

6.2.1.1 高温预警信号发布

高温热浪作为一种气象灾害，已经纳入到气象灾害预警信号中。高温预警信号为黄色、橙色和红色三种（表6.2）。预警信号由各级气象主管机构所属的气象台站根据气象监测和预报向社会公众发布。气象部门通过各种媒体用显著的标志预告高温灾害,在媒体上每天滚动播送,并提高预报的精确性和时效性,让市民更及时地了解高温天气,提前做好防暑降温工作。

表 6.2 高温预警信号

高温预警信号	图标	标准	防御指南
黄色		连续三天日最高气温将在35℃以上	1. 有关部门和单位按照职责做好防暑降温准备工作; 2. 午后尽量减少户外活动; 3. 对老、弱、病、幼人群提供防暑降温指导; 4. 高温条件下作业和白天需要长时间进行户外露天作业的人员应当采取必要的防护措施。
橙色		24小时内最高气温将升至37℃以上	1. 有关部门和单位按照职责落实防暑降温保障措施; 2. 尽量避免在高温时段进行户外活动,高温条件下作业的人员应当缩短连续工作时间; 3. 对老、弱、病、幼人群提供防暑降温指导,并采取必要的防护措施; 4. 有关部门和单位应当注意防范因用电量过高以及电线、变压器等电力负载过大而引发的火灾。
红色		24小时内最高气温将升至40℃以上	1. 有关部门和单位按照职责采取防暑降温应急措施; 2. 停止户外露天作业(除特殊行业外); 3. 对老、弱、病、幼人群采取保护措施; 4. 有关部门和单位要特别注意防火。

高温预警信号发布手段可以充分利用广播、电视、固定网、移动网、因特网、电子显示装置等多种形式。在少数民族聚居区发布高温预警信号时除使用汉语言文字外,还应当使用当地通用的少数民族语言文字。高温出现时广播、电视等媒体和固定网、移动网、因特网等通信网络应当配合气象主管机构及时传播预警信号,使用气象主管机构所属的气象台站直接提供的实时预警信号,并标明发布预警信号的气象台站的名称和发布时间,不得更改和删减预警信号的内容,不得拒绝传播气象灾害预警信号,不得传播虚假、过时的气象灾害预警信号。

6.2.1.2 高温中暑气象等级预报的发布

根据气温、湿度等气象因子,结合地区气候背景资料,以及高温的持续时间,可以划分可能发生中暑、较易发生中暑、易发生中暑、极易发生中暑四个等级。各级气象部门根据监测预报确定的高温中暑气象等级,适时开展预报,并向社会公众发布高温中暑事件防范提示。

6.2.2 高温中暑事件的监测、报告、预测和预警

6.2.2.1 高温中暑事件的监测、报告

依据气象条件、高温中暑事件的发生情况及其发展趋势,将高温中暑事件划分为特别重大(Ⅰ级)、重大(Ⅱ级)、较大(Ⅲ级)、一般(Ⅳ级)。

高温中暑事件由各级各类医疗卫生机构、疾病预防控制中心、卫生行政部门和其他与高温中暑事件相关的单位监测。高温中暑事件报告实行卫生行政部门分级审核、分级确认。每年6月1日至9月30日启动和终止高温中暑事件的监测和报告。各地卫生部门也可根据本地区高温气象条件的实际情况,适当提前本地区高温中暑事件的监测、报告的启动时间,或推迟事件监测、报告的终止时间。

6.2.2.2 高温中暑事件的预测、预警

各级气象行政主管机构和卫生行政部门开展高温中暑事件的预测分析,结合高温气象条件、高温中暑事件的发生情况及其发展趋势,确定预警发布的级别,经报本级人民政府同意后发布。气象行政主管机构和卫生行政部门联合通过有关电视、广播、报刊、网络等媒体发布高温中暑事件预警信息,提出相应防御措施。高温中暑事件预警等级见表6.3。

表6.3 高温中暑事件预警等级和响应措施

预警等级	图标	标准	响应措施
一级	红色预警	高温中暑事件级别达Ⅰ级,且高温中暑气象预报级别达"极易发生中暑",高温天气还有持续或加重趋势。	1. 积极主动地开展高温中暑病例监测、报告,及早发现病例并采取应急处置措施,做好高温中暑病人的收治; 2. 主动接受上级气象部门对事件发生地或可能发生地的天气预报、预测技术和产品的加强指导,及时发布高温中暑气象等级预报和高温中暑事件预警及相关信息; 3. 强化防暑降温知识宣传,在当地政府的统一领导下积极组织开展防暑动员; 4. 卫生、气象部门会同劳动保障、安全生产、工会等有关部门单位,依法联合开展防暑降温工作专项监督检查。
二级	橙色预警	高温中暑事件级别达Ⅱ级,且高温中暑气象预报级别达"易发生中暑"以上,高温天气还有持续或加重趋势。	1. 进一步加强对高温中暑病例监测、报告,并对夏季露天作业工地等重点场所开展主动监测,做好高温中暑病人的收治; 2. 组织加密气象观测,主动加强与上级气象业务单位的天气会商,及时发布高温中暑事件预警及相关信息; 3. 进一步加大宣传防暑降温知识的力度,强化全体社会公众防控高温中暑的意识; 4. 卫生、气象部门会同劳动保障、安全生产等有关部门单位,对高温环境作业人群的用人单位,依法联合开展防暑降温工作专项监督检查。

续表

预警等级	图标	标准	响应措施
三级	黄色预警	高温中暑事件级别达 III 级,且高温中暑气象预报级别达"较易发生中暑"以上,高温天气还有持续或加重趋势。	1. 加强对高温中暑病例监测、报告,做好高温中暑病人的收治; 2. 加强气象监测分析,主动加强与上级气象业务单位的天气会商,及时发布高温中暑事件预警及相关信息; 3. 开展多种形式的防暑降温知识宣传,强化社会公众或有关单位做好老年、儿童、病人等特殊人群的高温中暑防控工作的意识; 4. 根据有关部门、单位的要求,对高温环境作业人群开展防暑降温咨询,并指导用人单位向高温环境作业人群提供预防性给药。
四级	蓝色预警	高温中暑事件级别达 IV 级,且高温中暑气象预报级别达"可能发生中暑"以上,高温天气还有持续或加重趋势。	1. 开展高温中暑病例监测、报告,做好高温中暑病人的收治; 2. 加强气象监测,主动加强与上级气象业务单位的天气会商,及时发布高温中暑事件预警及相关信息; 3. 开展防暑降温知识宣传,增强高温环境下作业人群的自我保护意识。

6.2.3 相关部门的协同应对

高温热浪期间各相关部门主要职责

● 劳动保障部门:加强对用人单位遵守有关劳动保障法律法规和按规定向劳动者发放高温补贴情况的监督检查,维护好劳动者的健康及相关权益。

● 建设、交通、国资等部门和各级工会组织:要加强对企业和室外作业现场防暑降温措施的监督检查,督促企业严格执行高温作业的有关规定,并妥善安排高温慰问工作。

● 安全生产监管部门:切实加强对重点生产企业的检查,落实安全生产责任制。

● 市场流通部门:要加强防暑降温用品的调运,保证市场供应。

● 工商、食品药品监管、质量技监等部门:要加大对有关商品质量的监管力度,确保食品药品安全,坚决查处危害人民群众安全和身体健康的违法行为。

● 民政、残联等部门:要重点做好对"老、弱、病、残"等社会救济对象的关心和帮助。

● 教育部门：要强化学校暑期各类活动的管理，落实具体防护措施，切实加强对学生的安全教育，防止发生意外事故。

● 卫生部门：要加强医疗机构门急诊的医护力量，重点做好防暑降温、便民利民工作。

● 电力部门：企业是城市中的用电大户，用电量远远超过居民生活用电。一些企业在高峰时适当减少用电就能满足市民的生活用电。在高温季节，政府可适当运用经济杠杆，采取适当的优惠政策，还可用调价来刺激工业企业让电，在不同时段实行不同的收费标准，让一些大能耗的企业实行"错峰填谷"。为了保证居民生活用电，必要时政府要强制工业企业停产轮休。

● 燃气、供水部门：高温季节用气、用水量大增。保证充足的淡水供应是预防中暑的重要措施，除大量宣传节约用水以外，还可通过调整水价来解决。

● 企事业单位：要积极采取有效措施，改善一线职工的劳动条件，适当减轻劳动强度，严格按有关规定执行高温作息时间。

● 高温热浪的宣传教育：充分发挥专家队伍和专业人员的作用，气象主管机构编印预警信号宣传材料，普及气象防灾减灾知识，组织气象灾害预警信号的教育宣传工作，增强社会公众的防灾减灾意识，提高公众自救、互救能力。

在高温期间，城市供水供电紧张，影响到城市居民的日常生产、生活。在高温考验下，政府相关部门应急民所急，积极转变职能，提高服务意识，合力与高温打一场积极的对抗战。做好应急抢险准备工作，做到人员到位、措施到位、责任到位。水、电、气等与人民群众生活密切相关的部门要继续坚持昼夜值班，发现问题及时抢修，确保高温期间人民群众生活用水、用电、用气的正常供应。建议成立城市高温灾害总指挥部，政府职能部门应分工明确，各司其责，责任明确到个人。建立部门之间的内部网络系统，及时交流信息。水电部门关系到城市居民日常生活，应严格由政府统一调度。一旦出现事故，各部门之间密切配合，齐心协力缓解市民的缺水缺电状况！这就需要在交通、卫生、医疗、水利、电业等各部门都设立应急措施预案。例如：2003年7月武汉市紧急启动全市690处空调纳凉点，24小时开放，为3万多名群众度暑纳凉提供方便，这是几个部门协同配合组织的。

6.2.4 应对热浪措施的良好范例

费城是较早建立热浪与健康预警的城市，也形成了一套较为成熟的多部门共同应对高温热浪的措施。涉及的部门和单位包括费城老人社、费城更美好委员会、城市监察联络办公室、费城能源用户办公室、费城零售药品协会、费城能源协调机构、精神卫生机构及其他机构和组织。

美国费城夏季热浪对策包括

A. 在夏季到来之前
- 广泛开展教育活动，散发健康教育宣传材料。

B. 在热浪期间
- 启动热浪与健康监测预警系统；
- 媒体发布热浪预警信息；
- 推动建立邻里伙伴关系；
- 相关机构及时发出热浪期间的警示告知；
- 加强老年人护理和家庭的自我保护；
- 启动热浪应急求助热线电话；
- 生活设施的环境风险评价；
- 派出调查队进行家访；
- 老年人服务中心晚上和周末增加服务；
- 规定白天对无家可归者不能拒之门外；
- 增加急救中心服务的员工；
- 公用事业（供电、供水部门）服务不能停止；
- 保证高温期间夜间的空调用电，等等。

6.3　高温立法工作

　　夏季高温热害已经严重困扰着居民生活和生命健康，特别是一些冶金、运输、建筑施工等高温车间、露天野外条件下作业的一线劳动者。这些在高温环境下作业的劳动者劳动强度大，体力消耗大，加之晚上休息受到影响，对安全生产带来很大的威胁，每年高温期间发生的职工因工伤亡事件明显上升，个别企业强迫职工在高温下从事繁重的劳动，中暑死亡的事情近年来也时有发生。因此迫切需要有政府主导的高温热浪应急预案和相应的法律保障。

　　我国对高温作业劳动者劳动保护的立法相对滞后，《劳动法》和《安全生产法》对此没有提及。目前在我国的法律体系中，唯一一部保护高温作业者的全国性法规，是1960年卫生部、劳动部和全国总工会颁布的《防暑降温措施暂行条例》。该条例发布至今时隔近半个世纪，目前已经无法维护劳动者的权益。比如，《暂行条例》只适用于"工业、交通运输业及基本建设工地的高温作业和炎热季节的露天作业以及田间作业"。具体防暑降温措施只是："夏季露天作业工人和农民，应使用宽边草帽或斗笠和白色宽大的服装。夏季田间作业，应在适当地点建立男女分设的简便厕所"，等等。各方面的情况都已发生了巨大的变化，条例中的许多标准已不适应当前经济社会发展的需求，与今天的情况严重脱节，也与当前日益多元化的行业和越来越复杂的劳动关系不相适应。

当前，各地方已经高度重视夏季高温热浪的防御工作。如2005年上海市劳动保障局、市经委、市建设交通委、市安全生产监督局、市卫生局、市食品药品监督管理局六部门联合下发《关于做好当前高温期间防暑降温和安全生产工作的通知》，明确要求各企事业单位，特别是从事高温作业和户外作业的行业，要制定合理的休息制度，当气温达到35℃及以上高温天气时，要根据实际情况调整、缩短作息时间；当气温达到38℃及以上的极端高温天气时，除涉及国计民生、城市运行安全和人民基本生活等重要行业外，工作环境不能满足极端高温条件作业的企事业单位可视实际情况采取暂停工作和休息等措施。该《通知》对保护劳动者的安全和健康，规范企事业单位的运行起到了积极的作用。

事实上，夏季高温时期，各级政府和部门都会发布防暑降温的各种"紧急通知"，但毕竟不能代替一些法律法规。许多政协委员、人大代表都在呼吁尽快实现高温立法。深圳已经出台了《高温天气劳动保护暂行办法》（简称《办法》），详细规定最高温度达40℃当日应停止工作，以及高温下工资支付的具体标准等。而又如重庆，为保护高温天气下劳动者的身体健康和生命安全，在2006年遭受百年不遇的特大高温大旱后，重庆市加快了高温立法步伐并制定出台了《重庆市高温天气劳动保护办法》，该办法2007年5月8日获重庆市政府常务会议审议通过。《办法》将高温天气界定为三个标准，即气象台发布的日最高气温在35℃以上、37℃以下为一般高温，37℃以上、40℃以下为中度高温，40℃以上为强度高温。从2007年6月1日起，劳动者在37℃以上（包括37℃）的高温天气下工作，用人单位除向劳动者全额支付工资外，还应根据高温天气程度，向劳动者发放每天5~20元不等的高温补贴。《重庆市高温天气劳动保护办法》的保护对象包括企业、个体经济组织及其他经济组织的劳动者。《办法》要求用人单位根据不同阶段高温程度，采取多种方法防暑降温，防止中暑事故发生。在中度高温天气下，用人单位安排劳动者日工作时间不得超过6个小时。在强度高温下，用人单位经采取降温措施不能使工作场所温度低于37℃的，应当停止工作。在中度及强度高温天气下，因生产工艺要求不能停止工作的，应当暂停12时至16时高温时段工作；不能暂停高温时段工作的，应当暂停高温时段露天工作；必须在高温时段露天工作的，应合理安排工作时间,确保安全生产。另外,该《办法》还对劳动者因高温天气工作引起中暑的工伤认定进行了细化,同时规定了违反办法所应承担的相关法律责任。

在国家法规还未改变之际,地方法规和相应的防暑降温"紧急通知"或《办法》为烈日下的劳动者撑起了一把"遮阳伞"。

6.4 减缓城市热岛 缓解高温热浪

6.4.1 搞好城市规划与建设布局

大中城市由于人口激增,使人口密度加大,高层住宅过多,城市上空空气流动受阻,热量及污染物不易扩散,造成环境质量下降,同时还受到严重缺水、缺电与燃煤污染大气的困扰。因此要严格控制大中城市的人口规模与人口增长速度,加强流动人口的管理,推进卫星城镇建设,加快小城市发展。降低市中心区域的人口密度和建筑密度,疏散政府部门,对于居民住宅,应以多层和高层为主,减少住宅的占地面积从而降低住宅密度。长远之策,还须像修建抗百年一遇大汛的防洪堤一样,高标准建设好抗百年一遇高温的基础设施。

风是热岛效应的"天敌",当风刮起来的时候,热岛就失去了存在的可能,通过大气环流,热岛与周围地区的空气进行交换,就能降低城市自身的温度。因此根据本区域的主导风向等因素规划城市道路系统有利于减弱城市热岛效应,建筑物的相对高度对于小范围的微热环境有一定的影响,表现为夏日昼间有降温作用,夜间有增温作用。建筑物相对高度过大,不利于空气及热岛现象的消散,因此,使建筑低层化和合理分散化、市内道路宽敞,从而形成畅通的城市"通风道"。尽可能扩大城市水面,也是改善热岛效应的有效途径。

6.4.2 增加城市绿化

城市绿化地带具有很好的调节气温和增加空气湿度的效应。城市绿地能吸收太阳辐射,而所吸收的辐射能量又有大部分用于植物蒸腾耗热和在光合作用中转化为化学能,可减缓城市的热岛效应。据科学统计,每公顷绿地平均每天可从周围环境中吸收 81.8 MJ 的热量(相当于 189 台空调的制冷作用)和 1.8 吨的二氧化碳。综合国内外研究情况,绿化能使局地气温降低 3~5℃,最大可降低 12℃,增加相对湿度 3%~12%,最大可增加 33%。根据对广州市的观测(表 6.4),无论是日平均气温、日最高气温或高温持续时数,绿化区均低于未绿化街区；城市中的公园绿化区日平均气温比未绿化居民区低2.1℃，日最高气温低4.2℃。如果城市绿化覆盖率大于30%，热岛效应得到明显的削弱；覆盖率大于50%，绿地对热岛的削减作用极其明显。

城市绿化空间的平面结构是选择点状、带状、楔状还是混合式结构，要根据城市所处的位置、规模、形状、工业布局等因素确定。例如西安市环绕古城墙和护城河形成环带状绿地，体现了古城的艺术面貌，而合肥市位于炎热地区，用楔状绿地插入城市将郊区凉爽空气引入，改善小气候。

表6.4 广州市绿化与未绿化街区气温比较（℃）

测区	公园绿化区	绿化居民区	绿化街道	未绿化街道	未绿化居民区
白天平均气温	27.3	28.9	28.5	29.4	29.4
白天最高气温	28.3	32.0	31.1	31.3	32.5
≥30℃持续时间	0	3	3	5	5

减少大热容量的地面面积，增加绿化是缓解城市热岛效应的有效措施之一，而目前城市绿化最大的难题是城区缺少土地。对于城市建筑密集，绿地缺少的城市中心区域，采用屋顶绿化是缓解城市热岛效应，改善城市生态环境的有效措施。屋顶绿化是一种把绿化搬上屋顶的特殊绿化形式，是以建筑物顶部平台为依托，进行蓄水、覆土并营造园林景观的空间美化绿化，因解决了在有限的城市空间提高绿地效率而日渐被人们关注。

屋顶绿化能够改善城市气候。铺在屋顶的湿润土壤和草皮，既是高效的隔热层，又是散热器。绿化过的屋顶吸收的辐射能量，大部分成为植物蒸腾所需消耗的热和在光合作用中转化成为化学能，而用于增加环境温度的热量很少。屋顶绿化的普及，能有效地增大绿地面积，为城市散热，提升城市环境的舒适度。

6.4.3 开发利用新能源，减少人为散热

在市区高层建筑屋顶种植树、草等植物，对建筑物墙壁进行绿化，将高楼表面喷涂为浅色，减少其热能的吸收；逐步改变以煤为主要燃料的能源结构，减少热量散发。迁移和分散产生高热量的企业单位。充分利用太阳能资源，推广使用太阳能电器，开发利用风能、水能、核能等新能源。这些措施都能有效缓解城市热岛效应。

6.4.4 人工降雨降温

2003年夏天，上海出现了连续高温天气，给本市的供电带来了压力。7月25日和8月2日，在上海地区持续高温、用电负荷节节攀升的紧急情况

下，中午前后的一场降雨，使气温在短短的1小时内下降幅度分别达到12.2℃和14.2℃，从而缓解了用电负荷突破峰值的紧张局面。这个事实提出了一个非常实在又具有科技挑战的课题，能否在夏季使用人工降雨的方法达到降温的目的，从而使供电紧张的矛盾可以暂时得到缓解。经过多次科学论证，上海是在全球范围内率先提出了的夏季实施以人工降雨达到降温目的城市，并且在2004年夏季开展了人工降雨降温的科学试验，并把其列为市政府当年夏季"迎锋度夏"保证供电的两个新举措之一。

  自然界发生降水，要有充足的水汽和使水汽发生凝结的条件，使空中的水滴在运动中增大而下落到地面形成降雨。因此通过人工干预也就是通过人工影响改变云降水的物理过程，促使云滴向雨滴转化，让大气中更多的云水转化为地面降水从而发生降雨，就是人工降雨。能够实施人工影响天气（或人工降水）的气象条件是必须要有云，并且要区分是冷云还是暖云，然后针对具体情况，向那些形成降水尚缺乏一定的条件或降水效率不高的云，实施催化作业，改变云的质粒相态或云的谱分布，促使云体向胶性不稳定方向发展，从而影响其微物理过程进而间接引起宏观动力过程产生变化，达到降水的目的。

  2004年上海夏季人工降雨、降温工作实施作业3次，有效作业主要有2次，即8月11日、8月17日。8月11日这次飞行作业催化效果明显，上海有30个自动雨量点有下雨记录，其中以周浦最大，到16时雨量达到14.2 mm，其他地区的雨量在4.6～5 mm之间。降水集中在浦东、青浦、闵行、松江等飞行航线附近。自动站显示降温幅度在5～6℃，其中周浦从32.5℃，下降到26.1℃，达6.4℃，孙桥从33.7℃下降到27.5℃，达6.2℃。电力负荷从13时05分的1427.2万千瓦降到14时15分的1397.8万千瓦，并且不再上升。到16:00再度下降到1388.3万千瓦。8月17日13时10分飞机起飞作业飞行高度5000 m，高空东北风，飞行线路为宝山、崇明、闵行、徐家汇等有云区域，目标是上海市区。徐家汇15时14分开始下雨，前15分钟就下了5 mm，到晚上19时雨量为12.3 mm，到23时为15.4 mm。降雨集中在崇明、宝山、市区浦江两岸、奉贤、金山等，越是南面雨量越大。自动气象站观测数据显示，徐家汇温度从33.3℃下降至28.2℃，降温5.1℃；金山温度从32.3℃，下降至22.6℃，降温9.7℃。电力负荷从13时的1402.9万千瓦降到14时55分的1377.9万千瓦，并且继续下降。而同样的天气条件未发生降雨的情况下，13:00—15:00期间，随着温度的升高，电力负荷一般上升50万千瓦，加上下降的40万千瓦，总体上可以达到80万～90万千瓦。降雨致使降温节电的效果还是非常明显的。

但是由于上海地域空间狭小，空中航线繁忙，是目前国内飞机人工降雨条件最为苛刻的地区，给人工增雨的实施带来了诸多困难，如起飞时机、强对流雷雨云的躲避、安全催化高度，航线设计、催化剂量和催化机理等。如何真正发挥人工降雨降温的作用尚需要加强对云科学的研究，要继续进行夏季人工降雨试验，获取科学数据，为以后的工作积累资料和经验。

不过，全国其他城市也有人工降雨降温的报道。例如，2007年重庆荣昌县人工降雨为高考生降温，6月6日凌晨在6枚火箭弹、60枚高炮人工增雨弹作用下，重庆荣昌县迎来当年的第一场大雨，降雨持续到6日下午。人工降雨为当地带来清凉，该县当年参加高考的4000多名考生得以轻松迎考。

参考文献

IPCC. Summary for policymakers of climate change 2007: the physical science basis. Contribution of Working Group I to the fourth assessment report of the Intergovernmental Panel on Climate Change [M]. Cambridge: Cambridge University Press, 2007 (in press).

Kalkstein L S, Nichols M C, Barthel C D, et al. 1996. A new spatial synoptic classification: Application to air mass analysis. *International Journal of Climatology*, **16**: 983-1004.

Sheridan S C, Kalkstein L S. 2004. Progress in heat watch-warning system technology. *Bull. Amer Meteor Soc*, **85**: 1931-1941.

Tan J G. 2008. Commentary: People's vulnerability to heat wave. *Int J Epidemiol*, **37** (2): 318-320.

Tan J G, Kalkstein L S, Huang J X, Ling S B, et al. 2004. An operational heat/health warning system in Shanghai. *Int J Biometeorol*, **48** (1): 57-162.

Tan J G, Zheng Y F, Song G X, et al. 2007. Heat wave impacts on mortality in Shanghai, 1998 and 2003. *Int J Biometeorol*, **51** (3): 193-200.

WHO. 2004. Heat-waves: risks and responses, Health and global environmental change. Series, No. 2. http://www.euro.who.int/globalchange.

WHO/WMO/UNEP. 1996. Climate Change and Human Health. Geneva: WHO, 297.

WMO. 2004. Guidelines on biometeorology and air quality forecasts. WMO/TD No. 1184. Geneva, Switzerland.

陈正洪, 何玲玲, 王祖承. 2007. 武汉市居民中暑综合气象指标分析. 气象科技.

陈正洪, 王海军, 任国玉. 2007. 武汉市热岛强度非对称变化趋势研究. 气候变化研究进展.

陈正洪, 王祖承, 杨宏青, 等. 2002. 城市暑热危险度统计预报模型. 气象科技, **30** (2): 98-101, 104.

陈正洪, 王祖承, 张鸿雁. 2000. 炎(闷)热指数在武汉市的试用、修订及检验 [J]. 湖北气象.

陈正洪, 杨宏青, 曾红莉, 等. 2000. 武汉市呼吸道和心脑血管疾病的季月旬分布特征分析. 数理医药学杂志.

程极壮, 程爱群, 朱诗武. 1991. 南京夏季高温重症中暑发生率及其防治对策 [J]. 南京大学学报.

范宝军主编. 1998. 人类灾难纪典 (1) [M]. 北京: 改革出版社.

何玲玲, 陈正洪, 李松汉, 等. 2007. 武汉市居民中暑流行病学特征及与主要气象因子的关系初探 [J]. 暴雨·灾害.

黄家鑫，谈建国.2005.2004年夏季上海市人工降雨降温试验.长三角气象科技创新论坛文集．

茅志成，邬堂春.2000.现代中暑诊断治疗学［M］.北京：人民军医出版社

茅志成，恽振先，杜学利，等.1998.南京市重症中暑发病与气象因素的关系［J］.南京铁道医学院学报．

气候变化国家评估报告编写委员会.2007.气候变化国家评估报告［M］.北京：科学出版社．

乔盛西.1992.武汉中暑人数与体感温度、CDH的关系以及中暑发病的预报［J］.湖北气象．

谈建国，黄家鑫.2004.热浪对人体健康的影响及其研究方法［J］,气候与环境研究，9（4）．

谈建国，邵德民，马雷鸣，等.2001.人体热量平衡模型及其在人体舒适度预报中的应用.南京气象学院学报，**24**（3）：384-390.

谈建国，宋桂香，郑有飞.2006.1998和2003年上海市夏季人群死亡分析［J］.环境与健康杂志，**23**（6）：486-488.

谈建国，殷鹤宝，林松柏，等.2002.上海热浪与健康监测预警系统［J］.应用气象学报，**13**（3）：356-63.

谈建国.2008.气候变暖、城市热岛和高温热浪及其健康研究.博士论文,南京：南京信息工程大学．

谭冠日.1994.全球变暖对上海和广州人群死亡数的可能影响［J］.环境科学学报，**14**（3）：368-73.

魏润柏，徐文华.1994.热环境［M］.上海：同济大学出版社．

吴彦元，吴兆苏，洪昭光，等.1990.北京地区冠心病、脑卒中发病与气象关系的探讨［J］.中华流行病学杂志．

武汉中心气象台.1977.武汉中暑人数与气象因子的逐步回归分析［J］.全国应用气候会议论文集，

夏廉博.1986.人类生物气象学［M］.北京：气象出版社

谢德寿.1994.城市高温灾害及其预防［J］.灾害学．

杨宏青，陈正洪，刘建安，等.2000.武汉市中暑发病的流行病学分析及统计预报模型的建立.湖北中医学院学报．

张国高，贺涵贞，张伟.1989.高温生理与卫生（第一版）［M］.上海：上海科学技术出版社．

中国气象局.2004.中国气象灾害年鉴［M］.北京：气象出版社．

中国气象局.2007.中国灾害天气气候图集［M］.北京：气象出版社．

周淑贞，束炯.1994.城市气候学［M］.北京：气象出版社．